Gabriele Grassegger
Gabriele Patitz
Regierungspräsidium Stuttgart, Landesamt für Denkmalpflege
(Hrsg.)

Natursteinsanierung Stuttgart 2006
Neue Natursteinrestaurierungsergebnisse und messtechnische Erfassungen

Tagung am 17. März 2006 in Stuttgart

Fraunhofer IRB Verlag – Stuttgart

Herausgeber

Dr. Gabriele Grassegger
Materialprüfungsanstalt Universität Stuttgart (MPA – Otto-Graf-Institut)

Referat 412
Bautenschutz und Denkmalschutz

Pfaffenwaldring 2b
70569 Stuttgart

Telefon: (0711) 685- 2705
Telefax: (0711) 685- 6830
Email: Gabriele.grassegger@po.uni-stuttgart.de
www.mpa.uni-stuttgart.de

Dr.-Ing. Gabriele Patitz
Ingenieurbüro für Bauwerksdiagnostik, Schadensgutachten,
Tragwerksplanung (IGP)

Alter Brauhof 11
76137 Karlsruhe

Telefon: (0721) 3 84 41 98
Telefax: (0721) 3 84 41 99
Email: patitz@t-online.de
www.gabrielepatitz.de

Regierungspräsidium Stuttgart
Landesamt für Denkmalpflege

Berliner Straße 12
73726 Esslingen am Neckar

Gestaltung
Manuela Gantner – Karlsruhe

Druck und Bindung
Fraunhofer IRB Verlag – Stuttgart

Einband
Portal der katholischen Pfarrkirche St. Bernhard Karlsruhe

Photogrammetrie erstellt durch:
Ingenieurbüro Fischer, Photogrammetrie + Vermessung – Müllheim

im Auftrag von:
Kath. Kirchengemeinde St. Bernhard – Karlsruhe

Foto: **Gabriele Patitz** – Karlsruhe

1. Auflage
2006 Fraunhofer IRB Verlag,
Nobelstraße 12, 70569 Stuttgart

ISBN 3-8167-7016-9

Liebe Tagungsteilnehmer, liebe Leser,

wir haben in dem vorliegenden Tagungsband wieder für Sie als Teilnehmer und Leser die Beiträge unserer Referenten publiziert. Mittlerweile ist dies die 12. Veranstaltung und sie ist zu einem wichtigen Treffen verschiedener Fachleute und Spezialisten auf dem Gebiet der Natursteinsanierung in Stuttgart geworden.
Mit den diesjährigen Beiträgen wollen wir wieder zu einem regen fachlichen Austausch beitragen. Deshalb werden aktuelle Verfahren und Projekte aus der Praxis vorgestellt. Aber auch neue Ergebnisse aus der Forschung sind Bestandteil des Programms.
Zu den Themen zählen u. a. die Frage der Mörtelrezeptierung mit der gezielten Anwendung und Vorstellung von Herstellerseite, Beispiele neuer EDV-gestützter Bestands-, Schadens- und Maßnahmenkartierung sowie Restaurierungs- und Konservierungskonzepte für verschiedene Bauwerke.
Umfangreiche Voruntersuchungen als Basis für eine an den vorhandenen Bestand angepasste Sanierung werden beispielsweise an der Steinernen Brücke in Regensburg und am Ulmer Münster vorgestellt.
Abgeschlossene Teilrestaurierungen werden an den Objekten Ulmer und Breisacher Münster, Neues Museum Berlin, Hochzeitshaus Hameln und der Villa Gartenstrasse 43 in Reutlingen aufgezeigt.

Wir hoffen, dass wir mit diesen Beiträgen wieder einen interdisziplinären fachlichen Austausch zwischen Denkmalpflegern, Restauratoren, Architekten, Ingenieuren, Anwendern, ausführenden Firmen und Kollegen aus der Forschung und Entwicklung initiieren können.

Abrunden möchten wir diese Fachveranstaltung mit einer ganztägigen Exkursion nach Rottweil am 18. 3. 2006. Dort werden wir mittels einer Fachführung die beinahe abgeschlossene Stein- und Fassadensanierung des Rottweiler Münsters besichtigen. Des weiteren steht eine bauhistorische und kunstgeschichtliche Führung zum Münster auf dem Programm.
Nachmittags erzählen uns Mitglieder der örtlichen Narrenzunft und Historiker etwas über die alemannische Fasnacht und Ihre Ursprünge und Bräuche.

Dr. Gabriele Grassegger
Materialprüfanstalt der Universität Stuttgart
Referat Bautenschutz und Denkmalschutz

Dr.-Ing. Gabriele Patitz
Ingenieurbüro für Bauwerksdiagnostik
und Schadensgutachten, Karlsruhe

Otto Wölbert
Regierungspräsidium Stuttgart
Landesamt für Denkmalpflege

Helmut Kollmann	*Putzmörtel für gezielte Anwendungen – das Zusammenspiel von Bindemitteln, Zuschlag und Zusätzen*	7
Gerhard Eisele	*Tragfähigkeitsbewertung an Natursteinsäulen am Neuen Museum in Berlin*	19
Thomas Schubert	*Praktische Erfahrungen mit einer KSE-gebundenen Ergänzungsmasse in der Natursteinrestaurierung*	29
Hermann Schäfer	*Computergestützte Umsetzung von Kartierungsergebnissen in AutoCAD-Umgebung*	39
Ulrich Huster	*Hochzeitshaus Hameln: Ertüchtigung und Sicherung eines Gebäudes der Weserrenaissance*	43
Otto Wölbert	*Die Restaurierungsarbeiten am Breisacher Münster*	51

Ingrid Rommel	*Arbeiten der Münsterbauhütte im 21. Jahrhundert*	55
Patrick Van der Veken Josko Ozbolt Gabriele Grassegger Hans-Wolf Reinhardt	*Experimentelle Untersuchungen und FE-Simulation* *an baden-württembergischem Schilfsandstein zur* *thermisch-hygrischen Belastbarkeit*	69
Sonja Behrens	*Schadenserfassung und Restaurierung an der* *katholischen Pfarrkirche St. Bernhard in Karlsruhe*	81
Andreas Menrad	*Konservierung einer spätklassizistischen* *Putzfassade in Reutlingen* *(Villa in der Gartenstrasse)*	91
Alfons Swaczyna	*Die Steinerne Brücke in Regensburg –* *Erhaltung eines Kulturdenkmals* *von europäischer Bedeutung*	95
	Autorenverzeichnis	112

Putzmörtel für gezielte Anwendungen – das Zusammenspiel von Bindemitteln, Zuschlag und Zusätzen

von Helmut Kollmann

Obwohl heute zur Bauwerkssanierung und Denkmalpflege eine Reihe von werksgemischten Putzarten zur Verfügung steht, ist es dennoch oftmals erforderlich, Putzmörtel für einen bestimmten Einsatzbereich zu rezeptieren. Um solche Putze auf die Bauwerkssituation und den Putzgrund abzustimmen, ist es wichtig zu wissen, wie die einzelnen Komponenten zusammenspielen und sich gegenseitig beeinflussen. Insbesondere der Einsatz von Zusatzmitteln erfordert ein umfangreiches Wissen und entsprechende Erfahrung. Im nachfolgenden Beitrag wird gezeigt, wie die Putzeigenschaften durch die Auswahl und Kombination geeigneter Bindemittel, Zuschläge, Zusatzstoffe und Zusatzmittel beeinflusst werden können.

1. Einleitung

Zur Bauwerksanierung und Denkmalpflege steht heute eine Reihe von werksgemischten Putzarten zur Verfügung. Dennoch ist es oftmals erforderlich, Putzmörtel zu rezeptieren, die spezielle Eigenschaften aufweisen und auf den Untergrund abgestimmt sind. Hierbei ist es wichtig zu wissen, wie die einzelnen Komponenten der Mörtel zusammenspielen und sich gegenseitig beeinflussen. Insbesondere der Einsatz von Zusatzmitteln erfordert ein umfangreiches Wissen und entsprechende Erfahrung.

2. Erwartungen an Putze in der Bauwerksanierung und Denkmalpflege

Von Putzen für die Bauwerksanierung und Denkmalpflege wird erwartet, dass sie den optischen Charakter eines Bauwerks wiederherstellen und gleichzeitig als langfristiger Schutz des Mauerwerks dienen. Obwohl heute Putze zur Verfügung stehen oder rezeptiert werden können, die von ihrer Zusammensetzung her eine hohe Lebensdauer und einen optimalen Schutz bieten können, birgt Altbaumauerwerk meist so viele Unsicherheiten in sich, dass das Verhalten des Putzes am Bauwerk oft nur annähernd abgeschätzt werden kann. Ausführliche Informationen über Putze in der Bauwerksanierung und Denkmalpflege wurden von Dettmering, T. und Kollmann, H. [1] zusammengefasst.

2.1 Technische Anforderungen

Generell sind Putze so anzuwenden bzw. zu rezeptieren, dass die physikalischen Kennwerte dem Bauwerk bzw. dem Putzgrund und der jeweiligen Bauwerkssituation angepasst werden.

In der Tabelle 1 sind die wichtigsten technischen Eigenschaften für die in der Bauwerkssanierung und Denkmalpflege gebräuchlichen Putze größenordnungsmäßig beschrieben.

Tab. 1: Technische Anforderungen an Putze für die Bauwerkssanierung und Denkmalpflege in Größenordnungen. Durch Regelwerke festgelegte Grenzwerte sind fett gedruckt. Zusammengestellt nach verschiedenen Literaturangaben, Messwerten der Autoren [1] und Herstellerbeschreibungen.

Putzarten	Festmörtelrohdichte [1] in kg/dm³	Biegezugfestigkeit [1] in N/mm²	Druckfestigkeit [1] in N/mm²	Haftzugfestigkeit [1] in N/mm²	E-Modul [1] in N/mm²	Schwinden [2] in mm/m	Wasserdampfdiffusionskoeffizient μ_{H2O}	Luftporengehalt in Vol.-%	Wärmeleitfähigkeit in W/mK	Wasseraufnahmekoeffizient in kg/m²h^½	Kapillare Wasseraufnahme [3] in kg/m²
Zementputze	1,7 bis 2,2	2 bis 7	10 bis 30	1,0 bis 2,0	10.000 bis 50.000	0,5 bis 1,5	50 bis 100	10 bis 15	1,2 bis 1,4	0,1 bis 0,3	0,5 bis 1,5
Kalkzementputze	1,3 bis 1,8	1,0 bis 2,0	2,5 bis 5,0	0,2 bis 0,4	6.000 bis 40.000	0,5 bis 2,0	10 bis 20	10 bis 20	0,9 bis 1,2	0,2 bis 0,4	1,0 bis 2,0
Grundputze (in Sanierputzsystemen)	1,2 bis 1,5	1,0 bis 3,0	3,0 bis 10	0,3 bis 0,5	5.000 bis 15.000	0,5 bis 2,5	10 bis 18	**45 bis 55**	0,4 bis 0,8	0,2 bis 0,4	**1,0 bis 2,0**
Sanierputze	0,9 bis **1,4**	1,0 bis 2,0	**1,5 bis 5,0**	0,1 bis 0,2	5.000 bis 15.000	0,5 bis 2,0	6 bis **12**	**40 bis 55**	0,3 bis 0,6	0,1 bis 0,4	**0,3 bis 1,8**
Kalkputze	1,2 bis 1,6	0,5 bis 1,0	**1,0 bis 2,0**	0,1 bis 0,2	2.000 bis 12.000	0,2 bis 0,6	9 bis 15	20 bis 30	0,8 bis 1,2	5 bis 20	25 bis 50
Gipsputze	1,2 bis 1,4	**1,0 bis 2,0**	**2,0 bis 5,0**	0,4 bis 0,9	5.000 bis 15.000	0,2 bis 0,4	8 bis 12	15 bis 25	0,4 bis 0,9	5 bis 10	20 bis 40
Lehmputze	1,6 bis 1,8	0,5 bis 1,0	1,0 bis 2,0	0,1 bis 0,2	2.000 bis 10.000	0,5 bis 2,0	6 bis 10	30 bis 40	0,4 bis 0,8	10 bis 20	40 bis 70

[1] gemessen nach 28 Tagen; [2] gemessen nach 90 Tagen; [3] gemessen nach 24 Stunden

2.2 Ansprüche

An Dauerhaftigkeit und Alterung der Baustoffe sowie an ihren Widerstand gegenüber Umweltbelastungen werden bei der (Um-)Nutzung und Pflege eines Bauwerks besondere Anforderungen, wie die Verträglichkeit der Materialien untereinander und ihre Reversibilität, gestellt.

Während Putze in früherer Zeit häufig eine erneuerbare Verschleißschicht darstellten, ist es heute möglich, sehr lange haltbare und widerstandsfähige Putze zu entwickeln. Bei höherer Salzbelastung kann es sinnvoll sein, ein Sanierputzsystem anzuwenden, um eine möglichst schadensfreie Oberfläche über einen längeren Zeitraum zu erhalten.

2.3 Kombination „alter" und „neuer" Baustoffe

Bei der Bauwerkssanierung müssen ständig „alte" und „neue" Baustoffe bzw. Arbeitsweisen kombiniert werden. Dabei ist abzuwägen, ob eine heute technisch richtige oder eine historisch angepasste Materialauswahl und Arbeitsweise zum Tragen kommt. Der Kombination alter und neuer Putze sind Grenzen gesetzt, was sich nur zum Teil auf die Zusammensetzung bezieht.

Am Anfang steht die Aufgabe, im Rahmen einer angepassten Diagnostik alle Einflussgrößen zu erfassen und diese in einem Sanierungsvorschlag zusammenzufassen. Hierbei spielt oft die Erfahrung eine größere Rolle als das Einhalten von Regelwerken und das Erfüllen rechnerischer Nachweise.

3. Putzarten

Mörtel ist definiert als ein Gemisch aus Bindemittel, Zuschlag (Gesteinskörnung < 7 mm) und Anmachwasser. Je nach Anwendung werden Mörtel in Mauermörtel und Putzmörtel eingeteilt. Je nach Zustand werden sie Trockenmörtel, Frischmörtel oder Festmörtel genannt.
Als Putz wird der erhärtete Belag aus Putzmörtel bezeichnet, der an Wänden, Decken und anderen Bauteilen aufgetragen wird und eine feste Verbindung mit dem Putzgrund eingeht. Putz dient entweder als Unterlage für weitere Beschichtungen oder als Außenhaut eines Bauteils, die damit entsprechend gestaltet werden kann oder als Verschleißschicht dient. Im Innenbereich kann Putz die Luftfeuchtigkeit regulieren, im Außenbereich schützt er vor Witterungseinflüssen. Von einem Putzsystem wird dann gesprochen, wenn es sich nicht um einen einzelnen Putz, sondern um eine Reihe von aufeinander abgestimmten Materialien handelt.

Als historische Putze werden allgemein Putze verstanden, die bis etwa zu Beginn der 50er Jahre verarbeitet wurden. Naturputz enthält in der Regel kein Zusatzmittel und somit auch keine Pigmente. Seine Farbigkeit resultiert allein aus den verwendeten Rohstoffen.

Die Bezeichnungen für die einzelnen Putzarten können sich auf die Zusammensetzung, auf die Verarbeitungsweise oder auf das Aussehen beziehen. Die Abbildung 1 zeigt zwei solcher Putzarten am Schloss Stolzenfels. Im Folgenden wird nur die Zusammensetzung betrachtet.

3.1 Zementhaltige Putze

Welcher Putz in der Bauwerkssanierung eingesetzt wird, hängt neben der Beschaffenheit des Putzgrundes im wesentlichen Maße von seiner Aufgabe ab.

Sind beispielsweise Bauwerksabdichtungen im erdberührten Bereich durchzuführen, so kann nur ein Putz verwendet werden, der dicht und wasserbeständig ist. Hier muss mit hydraulisch abbindenden Mörteln gearbeitet werden.

3.2 Kalkputze

An historischen Bauwerken, die vor der zweiten Hälfte des 19. Jahrhunderts errichtet wurden, wurden vorwiegend Kalkputze eingesetzt. In der Denkmalpflege und zur Sanierung historischer Fassaden haben sie daher eine besondere Bedeutung. Ihr großer Vorteil liegt in ihrer ausgesprochen guten Wasserdampfdurchlässigkeit. Eine eindeutige Definition des Begriffes „Kalkputz" existiert nicht. Dies hängt damit zusammen, dass Kalkputze aufgrund der chemischen und mineralogischen Bandbreite des Rohstoffes Kalk sehr unterschiedlich zusammengesetzt sein können.

Durch die Wahl entsprechender Rohstoffe können aus Kalk sowohl relativ weiche, rein carbonatisch erhärtende Luftkalkmörtel als auch hydraulisch erhärtende Mörtel mit wesentlich höherer Festigkeit hergestellt werden. Durch die Zugabe von

Abb. 1: Verbandelungsputz (unten), bei dem hauptsächlich die Fugen ausgefüllt werden, und Rustikaputz (oben), ein dünnschichtiger Kalkputz mit erhabenem Fugennetz, das aber nicht das Mauerwerk nachzeichnet.

Puzzolanerde oder Ziegelmehl kann, wie bereits in der Antike bekannt war, die Festigkeit und Dichtigkeit von Luftkalkmörteln deutlich gesteigert werden.

Die Einsatzmöglichkeiten, aber auch die Einsatzgrenzen von Kalkputzen hängen entscheidend von der zu erwartenden Belastung durch Wasser und Salze ab. Die Lebensdauer von Putzen auf der Basis von Kalkhydrat ist bei größerer Feuchtigkeitsbelastung aufgrund der hohen Wasseraufnahme eingeschränkt. Handelt es sich um einen dauerfeuchten Untergrund können weder Carbonatisierung, Festigkeit noch Frostwiderstand ausreichend aufgebaut werden.

Bei starker Beanspruchung, wie sie in der Sockelzone und in höheren Fassadenbereichen anzutreffen ist, werden Kalkputze mit höherer Festigkeit und mit höherem Feuchtigkeitsschutz gefordert. Hier ist zu prüfen, ob ein schützender Anstrich, die Beigabe eines Hydrophobierungsmittels oder der Zusatz hydraulischer Komponenten in Frage kommen, um den Putz mit höherer Witterungsbeständigkeit auszurüsten, ohne dass sich dies negativ auf das Mauerwerk und andere Gebäudeteile auswirkt.

Früher wurde häufig der so genannte Romankalk verwendet, der heute nicht mehr erhältlich ist, weil die Rohstoffvorkommen erschöpft sind. Es ist heute jedoch möglich, ein vergleichbares Bindemittel durch Mischung von natürlichem hydraulischem Kalk und natürlichem Schnellzement nachzustellen.

3.3 Trassputze

Häufig wird in der Bauwerksanierung und Denkmalpflege zur Problemlösung Trass empfohlen, da Luftkalk und Trass zusammen Putzeigenschaften erzeugen, wie sie von historischen Putzen bekannt sind.

Allein mit Wasser reagiert Trass nicht. Zusammen mit Kalk als Anreger bindet er jedoch langsam ab. Trass wird daher als „latent hydraulischer Zusatz" bezeichnet.

Der Trass hat bei richtiger Anwendung viele vorteilhafte Eigenschaften. Diese sollten genau bekannt sein, um auch seine Grenzen abschätzen zu können. Trasskalkputze werden oft empfohlen, weil sie „zementfrei" sind. Bei der Reaktion von Trass, Wasser und Kalk entstehen jedoch die gleichen Verbindungen, wie sie im Zement vorhanden sind oder beim Abbinden von Zement entstehen.

Trasskalkmörtel haben im Vergleich zu reinen Kalkmörteln eine hohe Anfangsfestigkeit. Durch Nachhärten erreichen sie im Laufe von Jahren eine Druckfestigkeit wie Zementmörtel. Die Biegezugfestigkeit ist sogar noch höher als bei Zementmörteln. Trasszementmörtel haben im Vergleich zu reinen Zementmörteln eine langsame Festigkeitsentwicklung. Der Trass bewirkt eine hohe Dichtigkeit und Widerstandsfähigkeit des Mörtels.

Die Festigkeitsentwicklung verläuft bei Trassmörteln nur sehr langsam, sie kann mehrere Monate bis Jahre dauern. Dies kann als Vorteil gewertet werden, weil Spannungen aus dem Untergrund aufgefangen werden und Mikrorisse ausheilen können. Gleichzeitig ist aber auch ein relativ langes Feuchthalten (mindestens 4 Wochen) erforderlich, da zur Reaktion Wasser benötigt wird. Bei einer zu kurzen Nachbehandlung wird die erwünschte Festigkeit nicht erreicht, und es kommt zu Rissen. Eine weitere Gefahr liegt in der erhöhten Schwindneigung, da der sehr fein gemahlene Trass einen hohen Wasseranspruch hat.

3.4 Lehmputze

Der Erdbaustoff Lehm besteht aus einem Gemisch von Ton, Sand und Schluff. Lehm kann bei Instandsetzungsmaßnahmen durch Einsumpfen in Wasser voll wiederverwertet werden. Vorteilhaft ist bei Lehm dessen Raumklima regulierende Eigenschaft. Lehm hat die Fähigkeit, Luftfeuchtigkeit aufzunehmen und wieder abzugeben. Darüber hinaus kann er als Wärmespeicher fungieren.

Lehmputze werden aus Lehm als Bindemittel und Sanden (häufig ungewaschene Grubensande) sowie Pflanzenfasern (z. B. Weichholzspäne, zerkleinertes Stroh) zur Armierung hergestellt. Häufig besteht etwa die Hälfte des Bindemittels Lehm aus Quarz mit geringen Anteilen an Feldspäten. Die andere Hälfte besteht aus verschiedenen Tonmineralen, die durch Wassereinlagerung in den Zwischenschichten unterschiedlich stark quellfähig sind. Beim Trocknen können sie stark schwinden und Risse bilden.

Da Lehmputze auf Dauer nicht wasser- und feuchtigkeitsbeständig sind, sind ihnen natürliche Einsatzgrenzen gesetzt. Sie sind für den Einsatz auf feuchte- und salzbelasteten Untergründen nicht geeignet, da sie bei Dauerdurchfeuchtung ihre Festigkeit verlieren. Bei hohem Durchfeuchtungsgrad sind sie zudem sehr anfällig für eine Schimmelbildung. Dies wird bei einem hohen Anteil an verrottbaren organischen Fasern noch verstärkt.

3.5 Opferputze, Kompressenputze, Entsalzungsputze

Zur Entsalzung von Bauteilen wird mitunter die so genannte „Kompressenmethode" angewandt. Dabei werden nasse „Kompressen" aus Zellstoff oder

Textilien auf das Bauteil gelegt. Die Salze wandern daraufhin in die Kompressen, die dann entfernt und solange erneuert und feucht gehalten werden, bis sich ein Gleichgewicht eingestellt hat. Diese relativ aufwendige Maßnahme lässt sich beispielsweise bei Statuen und kleineren Bauteilen sinnvoll anwenden. Bei größeren Flächen, wie versalzenem Mauerwerk oder Putz, werden statt der Kompressen in der Regel saugfähige Putze, so genannte Kompressenputze oder Opferputze, aufgetragen. Sie werden nach einiger Zeit (1 Jahr bis 2 Jahre) wieder entfernt („geopfert"), wenn sie sich mit Salz angereichert haben. In der Regel handelt es sich hierbei entweder um porenreiche, nicht wasserabweisende, meist carbonatisch gebundene Mörtel oder um ein Material, das den „klassischen" Kompressen aus Zellstoff ähnelt. Dieses besteht aus Bentonit, Zellulosefasern und Sand. Dabei dient Bentonit, ein quellfähiger Ton, zur Adsorption der Salze. Sand und Zellulosefasern magern das Gemisch ab, um Schwindrisse zu vermeiden. Die Zellulosefasern sorgen dafür, dass das Gemisch am Untergrund haftet.

Carbonatisch gebundene Opferputze haben entscheidende Nachteile: Bei hohen Feuchtigkeitsangeboten aus dem Untergrund verläuft ihre Festigkeitsentwicklung ungünstig. Außerdem besitzen sie eine geringe Salzresistenz. Bei hoher Salzbelastung ist ein frühzeitiger Porenverschluss möglich. Dadurch vermindert sich der Feuchtigkeitsdurchgang und das erwünschte Austrocknungsverhalten tritt nicht ein („Trocknungsblockade").

3.6 Sanierputzsysteme

Eine große Bedeutung in der Bauwerksanierung und Denkmalpflege haben heute auch Sanierputzsysteme. Feuchtes Altbaumauerwerk ist immer mit baustoffschädigenden Salzen belastet. Lange Zeit schadensfrei kann ein Putz auf einem solchen Untergrund nur sein, wenn er die Feuchtigkeit weder einsperrt noch in flüssiger Form durchlässt und darüber hinaus widerstandsfähig gegen die Salze ist. Sanierputzsysteme erfüllen diese Aufgabe bei richtiger Anwendung. Zu einem kompletten Sanierputzsystem gehören mehrere aufeinander abgestimmte Produkte:
- Spritzbewurf
- Grundputz (Ausgleichsputz oder Porengrundputz)
- Sanierputz
- Oberputz
- Farbanstrich

Je nach Anwendungsfall kann (außer dem Sanierputz) das eine oder andere Produkt entfallen. Sanierputze weisen drei Haupteigenschaften auf:
- geringe kapillare Leitfähigkeit
- gute Wasserdampfdurchlässigkeit
- hohes Porenvolumen.

Die geringe kapillare Leitfähigkeit wird durch Hydrophobierungsmittel (meist Stearate) erzielt. Luftporen werden in Sanierputzen durch Tenside oder Leichtzuschläge oder Kombinationen dieser Zusätze gebildet. Als Leichtzuschläge werden hauptsächlich Perlit oder Bims, mitunter auch Blähglas eingesetzt.

Sanierputze müssen widerstandsfähig sein gegen die Einflüsse aus dem Putzgrund, insbesondere gegen Feuchtigkeit und Salze. Aus diesem Grund ist es zwingend erforderlich, dass der Zuschlag inert ist und die Bindemittel ein Gefüge bilden, das fest und widerstandsfähig genug gegen diese Einflüsse ist. Andererseits dürfen Sanierputze keine zu hohe Druckfestigkeit aufweisen, damit die schadensfreie Haftung auf dem oft mürben Untergrund gewährleistet ist. Als Bindemittel kommen somit nur solche in Frage, die hydraulisch abbinden.

Seitens der Denkmalpflege werden oft „Kalksanierputze" oder „Trasssanierputze" gefordert. Diese sind technisch nicht möglich. Darauf wird auch im WTA-Merkblatt 2-9-04/D [2] hingewiesen. Carbonatisch gebundene Putze besitzen weder die erforderliche chemische noch mechanische Widerstandsfähigkeit gegen die Salze aus dem Mauerwerk. Trass muss über längere Zeit feucht gehalten werden, um reagieren zu können. Dies ist beim Sanierputz, der möglichst bald ausgetrocknet sein muss, damit die Hydrophobierung wirksam wird, nicht möglich. Ein langes Feuchthalten würde die Salze unweigerlich an die Putzoberfläche bringen und somit die gewünschte Wirkungsweise zunichte machen.

3.7 Baustellenmischungen

Baustellenmischungen sind die „Urform" der Putzverarbeitung. Obwohl heute fertig gemischte Werktrockenmörtel angeboten werden, haben Baustellenmischungen im Rahmen der Bauwerkssanierung und Denkmalpflege weiterhin Bedeutung.

Insbesondere der Einsatz von Zusatzmitteln an der Baustelle erfordert eine genaue Kenntnis ihrer Wirkungsmechanismen und ihrer gegenseitigen Beeinflussung. Die Erprobung der einzusetzenden Mörtelrezeptur (Musterflächen) sowie eine exakte Dosierung der Zusatzmittel bei der Mörtelherstellung sind absolut notwendig.

Für die Zubereitung von Baustellenmörteln sind die einzelnen Komponenten (Bindemittel, Zuschlag, eventuell Zusatzmittel) mit einem Litermaß (z. B. Eimer, Dose) abzumessen und mit einer entsprechenden Menge an Wasser zu versehen. Bei der Verwendung eines Zusatzmittels ist dieses zweckmäßigerweise zuvor in Wasser zu lösen oder zu dispergieren und dann mit den übrigen Mörtelbestandteilen zu mischen.

4. Putzzusammensetzung

Putzmörtel bestehen aus Bindemitteln, Zuschlag (Gesteinskörnungen), Zusatzstoffen und Zusatzmitteln.

4.1 Bindemittel

Für Putzmörtel zur Bauwerksanierung und Denkmalpflege sind folgende mineralische Bindemittel gebräuchlich:
- Baukalke
- Zemente
- Baugipse
- Lehm

Beim Trockenlöschverfahren wurde früher gebrannter Kalk mit feuchtem Sand überschichtet. Dabei entstanden häufig Kalkklümpchen (Aggregate aus Calciumhydroxid), die heute in Calciumcarbonat umgewandelt und als „Kalkspatzen" in historischen Putzen sichtbar sind.

4.2 Zuschlag

Der Zuschlag (heute spricht man eher von „Gesteinskörnungen") ist ein Gemenge aus ungebrochenen und/oder gebrochenen Körnern von natürlichen und/oder künstlichen mineralischen Stoffen. Gebräuchlich sind:

- mineralischer Zuschlag mit dichtem Gefüge (z. B. Natursand, Brechsand, Granulat)
- mineralischer Zuschlag mit porigem Gefüge (z. B. Perlit, Blähton, geblähte Schmelzflüsse)

Die besten Ergebnisse in Bezug auf Verarbeitung, Rissvermeidung, Bindemitteleffizienz und Materialhomogenität lassen sich mit gemischtkörnigen silikatischen Sanden mit stetiger Sieblinie erzielen. Der Anteil an Feinstsand und an abschlämmbaren Bestandteilen ist begrenzt. Es ist zu berücksichtigen, dass quellfähige Tonminerale einen höheren Wasseranspruch, Inhomogenitäten und eine Schwächung des Mörtelgefüges bewirken. Dies spielt besonders bei der Verwendung regionaler (meist ungewaschener) Sande eine Rolle. Brechsande bewirken aufgrund ihrer höheren spezifischen Oberfläche gegenüber Flusssanden einen erhöhten Wasseranspruch im Mörtel.

Durch das gezielte Einsetzen von Sanden können sowohl die gewünschte Oberflächenbearbeitung als auch die Farbigkeit von Putzmörteln beeinflusst werden. Für die Farbwirkung des Putzes sind vor allem die feineren Kornfraktionen in Wechselwirkung mit der Art des verwendeten Bindemittels von Bedeutung. Das Größtkorn spielt bei der Strukturgebung des Putzes eine Rolle.

Der Einfluss der Sieblinie auf die Mörteleigenschaften ist geringer als der Einfluss verschiedener Bindemittelkombinationen, der Zusatzmittel und des Bindemittel/Zuschlags-Verhältnisses.

4.3 Zusatzstoffe

Zusatzstoffe sind fein aufgeteilte Zusätze, die die Mörteleigenschaften beeinflussen und deren Stoff-

Abb. 2: Typische „historische" Zuschläge und Zusätze für Putzmörtel: Seesand, Dachs- und Gamshaare, Ziegelbruchstücke, Muschelschalen, Holz, Stroh (von links nach rechts).

raumanteil zu berücksichtigen ist. Ihre Zugabemenge liegt bei maximal 15 Masse-%. In der Regel handelt es sich um:

- Gesteinsmehle (z. B. Kalksteinmehl, Quarzmehl)
- latent hydraulische Stoffe „Puzzolane"
  (z. B. Trass, Ziegelmehl, Hüttensand, Flugasche, Glasmehl, Silicastaub)

Abbildung 2 zeigt typische Zusätze für „historische" Mörtel.
Eine Sonderstellung nehmen hier die so genannten „Kalkspatzen" ein. Sie waren früher wohl eher unerwünscht. Dennoch stellen sie heute einen charakteristischen Bestandteil von historischen Putzen dar. Sie lassen sich beispielsweise einbringen, indem trocken gelöschter Kalk in den Putz gemischt wird, der sich im Laufe der Zeit in Calciumcarbonat umwandelt. Ein Beispiel hierfür ist in Abbildung 3 zu sehen.

4.4 Zusatzmittel

Durch Zusatzmittel werden Änderungen der physikalischen Eigenschaften von Mörteln hervorgerufen. Somit lassen sich der Luftporengehalt, das Wasserrückhaltevermögen, die Standfestigkeit, die Elastizität, die Haftung am Untergrund, die Wasserabweisung und die Abbindezeit beeinflussen. Auch der Farbton kann durch die Zugabe von Zusatzmitteln geändert werden. Bei den Zusatzmitteln handelt es sich meist um organische Stoffe.

Bei historischen Mörteln wurden diese Mittel empirisch, oftmals sogar als Opfergaben eingesetzt. Es wurden Zusätze verwendet, die in der Regel in ausreichendem Maße zur Verfügung standen. Meist handelte es sich um Eiweißprodukte (Blut, Eier, Quark, Kaseïn) oder um Fettprodukte (Öl, Seife). Auch anorganische Stoffe, wie Holzkohle, Gips oder andere Minerale wurden verwendet. Die gebräuchlichen Zusatzmittel sind in der Tabelle 2 zusammengefasst. Größenordungsmäßig beträgt die Menge an Zusatzmitteln in Putzen maximal 2 Masse-%, bezogen auf die gesamte Mörtelmischung.

Meist sind Kombinationen von Zusatzmitteln notwendig, um die erforderlichen Eigenschaften zu erreichen. Mitunter werden auch solche Zusatzmittel kombiniert, die sich auf den ersten Blick widersprechen. Zum Einstellen der Abbindeeigenschaften wird beispielsweise oft eine Kombination aus Zitronensäure (Verzögerer) und Soda (Beschleuniger) verwendet. In der Praxis ergänzen sich diese beiden Stoffe jedoch. Der eine verzögert in der

Abb. 3: Nach historischem Befund rezeptierter Kalkputz mit eingemischten „Kalkspatzen".

Anfangsphase und erlaubt so eine gute Verarbeitung, der andere bringt anschließend eine rasche Erhärtung.

Pigmente dienen in erster Linie zur farblichen Anpassung. Sie können jedoch auch andere Eigenschaften beeinflussen. So fördert beispielsweise fein gemahlene Holzkohle die Carbonatisierung und macht den Putz elastischer sowie widerstandsfähiger gegen Frost. Gebrannte Siena-Erde wirkt latent-hydraulisch wie ein Puzzolan.

Nur bei Werkmörtel können Zusatzmittel gezielt, genau dosiert und homogen eingemischt werden. Werden Zusatzmittel baustellengemischten Mörteln beigegeben, so sind sie in ihrer Wirkung oft gegenteilig, wie die Praxis zeigt. „Historische" Zusatzmittel sind heute zum Teil gar nicht mehr verfügbar, so dass ein genaues Nachstellen alter Rezepturen mit den seinerzeit verwendeten Zusatzmitteln in der Regel nur schwer möglich ist. Abgesehen davon ist es schwierig, Zusatzmittel analytisch zu bestimmen bzw. nachzuweisen. Es lässt sich somit nur schwer nachvollziehen, welche Zusatzmittel ursprünglich beigegeben wurden. Lediglich anhand der Eigenschaften lässt sich dies abschätzen.

Tab. 2: Zusatzmittel für Putzmörtel (aus [1]).

Beeinflusste Eigenschaft	Zweck	Wirkungsweise	Historische Zusatzmittel	Synthetische Zusatzmittel	Effekt bei Überdosierung
Luftporengehalt	Verbessern der Verarbeitungseigenschaften, Verringern der Rohdichte, Erhöhen der Frostbeständigkeit, Erhöhen der Wasserdampfdurchlässigkeit, Einlagern von Salzen	Verändern der Oberflächenspannung des Anmachwassers, dadurch Bildung von kleinen, stabilen Luftporen	Blut	Tenside	Erhöhen der Klebrigkeit, schlechte Verarbeitbarkeit
Wasserrückhaltevermögen	Verhindern des „Aufbrennens" durch zu frühe Wasserabgabe an den Untergrund, Verbessern der Verarbeitungseigenschaften	Physikalisches Binden von Anmachwasser im quellfähigen Zusatzmittel	Holzfasern	Zellulose	Erhöhen der Klebrigkeit, schlechte Verarbeitbarkeit, Störung der Abbindezeit und der Erhärtung
Standfestigkeit	Verhindern des Abrutschens vom Untergrund	Physikalisches Binden von Anmachwasser im quellfähigen Zusatzmittel	Bentonit, Stärke	Stärkeäther	Erhöhen der Klebrigkeit, schlechte Verarbeitbarkeit
Elastizität	Verhindern der Rissbildung	Verbund, Bildung eines „Armierungsgerüstes"	Tierhaare, Stroh, Holzfasern	Glasfasern, Polymerfasern, Cellulosefasern	Schlechte Verarbeitbarkeit
Haftfestigkeit	Verbessern des Haftens auf dem Untergrund	Klebewirkung	Quark, Kasein, Blut	Polymerdispersionen	Erhöhen der Klebrigkeit, schlechte Verarbeitbarkeit
Wasserabweisung	Verringern der kapillaren Saugfähigkeit	Erhöhen der Oberflächenspannung in den Kapillaren, dadurch Reduzierung der kapillaren Saugfähigkeit	Tierische und pflanzliche Fette, Öle, Seifen	Stearate, Oleate, Palmitate, Siliconharze	Verringern der Endfestigkeit
Abbindezeit (Verzögerung)	Verlängern der Abbindezeit und der Verarbeitbarkeitszeit	Verlangsamen der Bindemittelreaktion	Gips, Zucker, Wein, Leimwasser, Borax, Eibischwurzel	Fruchtsäuren, Phosphate, Silicofluoride, Saccharosen, Ligninsulfonate, Hydrogencarbonsäure	Beschleunigen der Abbindezeit, Ausblühungen, Treibscheinungen
Abbindezeit (Beschleunigung)	Verkürzen der Abbindezeit	Beschleunigen der Bindemittelreaktion und des Festigkeitsaufbaus	Gips	Chloride, Aluminate, Soda, Hydrogencarbonat	Zu geringe Endfestigkeit, Ausblühungen, Treibscheinungen
Farbton	Anpassen des Farbtons	Verteilung des Pigments in der Bindemittelmatrix	Holzkohle, Minerale, Ziegelmehl, Gesteinsmehl	anorganische/ mineralische und organische Pigmente	Ausbluten, Fleckenbildung

Es werden häufig im Handel Zusatzmittel oder Zusatzmittelkombinationen angeboten, die vor der Verarbeitung einer Baustellenmischung oder einem Werkmörtel zugemischt werden, um spezielle Eigenschaften zu erreichen. Insbesondere handelt es sich hierbei um flüssige oder pulverförmige Konzentrate, die dem Mörtel sanierputzähnliche Eigenschaften verleihen sollen. Versuche mit solchen Mitteln haben ergeben, dass sie selbst unter idealen Bedingungen der Rohstoffauswahl, der Dosierung und der Mischweise nicht die für Sanierputze erforderlichen Eigenschaften erreichen.

„Historische" Zusatzmittel werden in einer Veröffentlichung von Rauschenbach, F. [3] beschrieben. Weitergehende Informationen über „moderne" Zusatzmittel sind in einer Veröffentlichung von Reul, H. [4] zu finden.

5. Objektbeispiel

Die israelischen Stadt Akko liegt an der Nordseite der Haifa-Bucht. Hier befindet sich eine Kreuzritterburg, die seit einigen Jahren saniert wird (s. Abbildung 4). Das Mauerwerk besteht aus Sandstein der Küstenregion. In einigen Bereichen soll der Naturstein sichtbar bleiben, in anderen Teilen müssen nur die Fugen erneuert werden. Größere Flächen werden jedoch auch verputzt. Die hierfür eingesetzten Putze müssen in ihren Eigenschaften auf den vorhandenen Sandstein und den vorhandenen Putz bzw. Fugenmörtel abgestimmt sein.

Abb. 4: Kreuzritterburg Akko/Israel, Nordflügel.

Bei den Sandsteinen handelt es sich um sehr poröse und damit stark saugfähige, rote bis gelbliche Süßwassersedimente. Sie bestehen aus Quarzsand, der durch Kalk und Eisenhydroxid zusammengebacken ist. Vereinzelt sind unter dem Mikroskop auch fossile Pflanzenreste und Oolithe zu erkennen.

Der an einigen Stellen vorhandene Putz, der erhalten und überarbeitet werden soll, setzt sich aus Sumpfkalk sowie Kalkstein- und Ziegelsplitt (0 bis 3 mm) und Sisal-Fasern (bis 5 cm lang) als Armierung zusammen. In diesen Putz hat man Scherben von zerbrochenen Tongefäßen (ca. 5 cm Kantenlänge) gedrückt. Der Putz ist insgesamt relativ weich; er lässt sich mit den Fingern zerbröseln.

Eine Analyse auf Salze ergab eine relativ geringe Belastung in den Steinen und eine hohe Belastung, insbesondere durch Chloride und Nitrate, in den Putzen und Fugenmörteln. Daher sollte hier ein sanierputzähnliches Material zum Einsatz kommen. Versuche mit handelsüblichen Putzen hatten ergeben, dass diese nicht geeignet waren. Sie zogen schnell an und waren relativ hart und dicht.

Das Wetter hat hier einen großen Einfluss auf die Bauwerke: Direkter Salzwassernebel, hohe Luftfeuchtigkeit und seit der Industrialisierung auch Luftverschmutzung.

Somit wurden durch die „Old Akko Development Company" folgende Forderungen an den Putz gestellt:

1. Das Material soll aus Kalk mit maximal 5 % Zement bestehen.

2. Das Material muss dem für Akko typischen Klima widerstehen.

3. Die physikalischen Eigenschaften müssen denen der verwendeten Sandsteine nahe kommen:

3.1 Durchlässigkeit
Um die „Atmungsfähigkeit" der Steine zu gewährleisten, muss die Wasserdampfdurchlässigkeit des Putzes geringer sein als die der Sandsteine. Hier kommen Putze in Frage, die einen Wasserdampfdurchlässigkeitskoeffizient < 10 besitzen.

Die Wände aus Naturstein-Blocks sind mit Erde und Kies zwischen ihren Schalen aufgefüllt, wodurch Feuchtigkeit angesaugt wird und durch die Fugen und Steine nach außen gelangen kann. Das Fugenmaterial und der Putz müssen somit eine gleiche oder geringere Durchlässigkeit als die Steine haben. Vorteilhaft ist es, wenn die Putze und das Fugenmaterial wasserabweisend eingestellt sind, damit die Feuchtigkeit nur als Wasserdampf an die Oberfläche gelangen kann. Gleichzeitig müssen sie so porös sein, dass sie Salze aus dem Untergrund aufnehmen können, ohne dadurch beschädigt zu werden.

3.2 Haftung
Die Haftzugfestigkeit muss den normalen Anforderungen an Fassadenputz genügen, das heißt,

in einem Bereich > 0,05 N/mm² liegen. Die gewünschte Haftfestigkeit muss ohne Zusatz solcher Additive erzielt werden, die die Durchlässigkeit des Putzes beeinträchtigen könnten (z. B. Dispersionspulver).

3.3 Druckfestigkeit, Biegezugfestigkeit, Elastizität

Die Haftung zwischen Putz und Sandstein muss dadurch sichergestellt werden, dass die Druckfestigkeit, die Biegezugfestigkeit und die Elastizität des Fugenmaterials und des Putzes sich mit den entsprechenden Eigenschaften der Steine vertragen. Die Sandsteine besitzen eine Biegezugfestigkeit von ca. 5 N/mm² und eine Druckfestigkeit von ca. 13 N/mm². Die Putze müssen also Festigkeitswerte aufweisen, die deutlich darunter liegen, zumal die Fugen geringere Festigkeiten besitzen.

3.4 Porosität

Die hier verbauten Sandsteine sind porös und somit auch stark saugend. Ein gutes Wasserrückhaltevermögen des Putzes von > 85 % ist somit erforderlich, um ein „Aufbrennen" zu vermeiden.

3.5 Zementgehalt

Die Putze dürfen dem Mauerwerk nicht schaden, und sie müssen gleichzeitig beständig gegen die in Akko herrschenden Bedingungen sein. Carbonatisch gebundene Kalkputze sind hier problematisch, weil sie nicht widerstandsfähig genug sind. Reine Zementputze sind ebenfalls problematisch, weil sie zu hart und zu dicht sind. Ideal sind Kalkputze mit einem geringen Zementzusatz oder Putze auf der Basis von hydraulischem Kalk.

Aufgrund dieser Anforderungen wurde ein Putz konzipiert, der sich wie folgt zusammensetzte:

Bindemittel	natürlicher hydraulischer Kalk, Kalkhydrat
Zuschlag	Quarzsand 0,1 bis 1,2 mm, Kalksteinmehl
Zusatzmittel	Hydrophobierungsmittel, Cellulosefasern, Luftporenbildner, Methylcellulose

Die Prüfung erfolgte an der MPA Karlsruhe in Anlehnung an das WTA-Merkblatt 2-9-04/D [2]. Für die Ermittlung der Haftzugfestigkeit wurden Original-Sandsteine vom Bauobjekt verwendet. Die Oberfläche des Putzes war trotz der geringen Festigkeit stabil und sandete nicht ab. Durch eine röntgendiffraktometrische Analyse konnte belegt werden, dass kein Zement enthalten war. Die ermittelten Daten sind aus der Tabelle 3 zu ersehen. Die Anforderungen wurden also erfüllt. Es konnten sowohl die Fugen als auch die Putzflächen mit dem gleichen Material bearbeitet werden. Die Abbildung 5 zeigt eine Musterfläche im Innenbereich der Burg.

Tab. 3: Technische Daten des für Akko konzipierten Putzmörtels.

Eigenschaften	Einheit	Anforderung	Messwerte
Frischmörtel			
Frischmörtelrohdichte	kg/m³	< 1.500	1.330
Luftgehalt	Vol.-%	> 25	31
Wasserrückhaltevermögen	%	> 85	94
Festmörtel			
Festmörtelrohdichte	kg/m³	< 1.400	1.088
Druckfestigkeit	N/mm²	< 5	0,14
Haftzugfestigkeit	N/mm²	> 0,05	0,09
Kapillare Wasseraufnahme (24 h)	kg/m²	> 0,3	0,4
Wassereindringung	mm	< 5	4
Wasserdampfdiffusionskoeffizient (μ)	-	? 10	4
Porosität	Vol.-%	> 40	48
Salzresistenz	-	bestanden	bestanden

6. Zusammenfassung

Im vorliegenden Beitrag wird dargelegt, welche Erwartungen und Anforderungen an Putze in der Bauwerkssanierung und Denkmalpflege gestellt werden. Dabei ist zu bedenken, dass oftmals „alte" und „neue" Baustoffe miteinander kombiniert werden müssen.

Werden Putzmörtel für einen speziellen Einsatz konzipiert, ist es wichtig zu wissen, wie die einzelnen Komponenten (Bindemittel - Zuschlag - Zusatzstoffe - Zusatzmittel) zusammenspielen und sich gegenseitig beeinflussen. Um bestimmte physika-

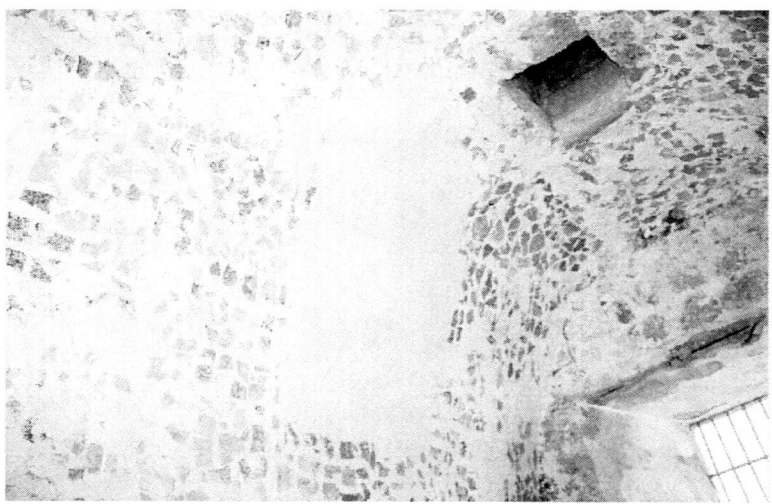

Abb. 5: Anlegen einer Musterfläche mit speziell rezeptiertem Putz im Innenbereich der Kreuzritterburg Akko/Israel.

lische Eigenschaften zu erzielen, stehen Zusatzmittel zur Verfügung, die zum Teil bereits bei historischen Putzen Verwendung fanden.

Anhand eines Beispiels wird gezeigt, wie die Anforderungen des Auftraggebers durch die gezielte Kombination der einzelnen Komponenten erreicht werden konnten.

Literatur

[1] Dettmering, Tanja und Kollmann, Helmut: Putze in Bausanierung und Denkmalpflege. Berlin: Verlag Bauwesen, 2001. ISBN 3-345-00719-3.

[2] Sanierputzsysteme. WTA-Merkblatt 2-9-04/D.

[3] Rauschenbach, Frank: Organische Mörtel-Zusätze. Putz-Stuck-Trockenbau, 47,10 (1994), S. 14–18.

[4] Reul, Horst: Handbuch der Bauchemie. Augsburg: Verlag für chemische Industrie, H.Ziolkowsky KG, 1991.

Abbildungen

Abb. 1: Kollmann
Abb. 2 und 3: Dettmering
Abb. 4 und 5: Grosswirth

Tragfähigkeitsbewertung an Natursteinsäulen am Neuen Museum in Berlin

von Gerhard Eisele

Der Wiederaufbau des Neuen Museums ist eine Herausforderung für alle Baubeteiligten. Dem Tragwerksplaner stellt sich die anspruchsvolle Aufgabe, einzigartige denkmalgeschützte Konstruktionen aus nicht genormten oder nicht gebräuchlich Baustoffen und Bauarten unversehrt zu erhalten und darüber hinaus gleichzeitig die heutigen Nutzungsanforderungen zu berücksichtigen. Alte Tragelemente verfügen in der Regel über erstaunliche Tragfähigkeiten, die allerdings oft durch rechnerische Nachweisführung allein nicht ausreichend bestätigt werden können. Es soll im Folgenden am Beispiel der im Neuen Museum noch vorhandenen Natursteinsäulen aufgezeigt werden, wie sich rechnerische und experimentelle Tragsicherheitsanalysen ergänzen und auf diese Weise historische Konstruktionselemente von höchster denkmalpflegerischer Bedeutung einer modernen Nutzung zugeführt werden können.

Gerhard Eisele

1. Zur Museumsinsel und zum Gebäude

Die Museumsinsel in Berlin ist seit der Wende 1989 Ort umfangreicher Baumaßnahmen, die voraussichtlich noch bis in die 20er Jahre dieses Jahrhunderts andauern werden (Abb. 1).

Das Neue Museum wurde unter der Leitung von August Stühler erbaut, einem Schüler Karl-Friedrich Schinkels, der das heute so genannte Alte Museum am Lustgarten geplant hatte.

Die Bauarbeiten begannen 1841, das Gebäude wurde 1859 fertig gestellt.

Das Neue Museum wurde über einer sehr ungünstigen Baugrundsituation errichtet. Mit den damals eingesetzten bis zu 20 m langen Holzpfählen wurde teilweise der tragfähige Baugrund nicht erreicht. Es kam bereits kurz nach der Eröffnung zu ersten Schäden, die sich immer weiter fortsetzten. Nachdem im 2. Weltkrieg zusätzliche massive Kriegsschäden aufgetreten sind, hatte man das Gebäude zu DDR-Zeiten weitgehend sich selbst überlassen, so dass es mehr als 40 Jahre ungeschützt der Witterung ausgesetzt war (Abb. 2, 3).

Erst 1986 besann man sich und beschloss den Wiederaufbau. Beschädigte Gebäudeteile wurden in erheblichem Umfang rückgebaut. Beginnend in der Vorwendezeit wurde die Gründung mittels ca. 50.000 lfm Kleinbohrpfählen in Verbindung mit einer neuen Stahlbetonbodenplatte ertüchtigt und die Hochbausubstanz gesichert [1]. Seit 1998 läuft die Planung des Wiederaufbaus. Die ersten Baumaßnahmen haben 2003 begonnen.

Obwohl oberflächlich betrachtet als Massivbau angelegt, ist das Neue Museum eines der ersten repräsentativen Bauten in Berlin, bei denen die Eisenbauweise sowohl in konstruktiver als auch in architektonischer Hinsicht zum charakterisierenden Merkmal geworden ist. Weitere charakteristische Bauteile sind Deckentragwerke aus Tontöpfen und Natursteinsäulen aus Sandstein und Kalkstein mit Kapitellen und Basen aus Sandstein bzw. Marmor.

2. Aufgabenstellung für den Tragwerksplaner

Es ist Wunsch des Nutzers, alle Decken heutigen Anforderungen anzupassen und entsprechend DIN 1055 mit Verkehrslasten p = 5 kN/m² beaufschlagen zu können. Überschlägige Berechnungen und Hinweise in bauzeitlichen Schriften lassen vermuten, dass zur Herstellungszeit Nutzlasten von 200 kg/m² (2 kN/m²) als ausreichend angesehen wurden.

Ziel ist es, sowohl die historischen Konstruktionen als technisches Denkmal zu erhalten und sie möglichst unverfälscht wieder ihrer ursprünglichen Bestimmung zu übergeben, als auch die Nutzer-

Abb. 1: Luftbild Museumsinsel, Neues Museum.

wünsche zu erfüllen. Priorität haben die historischen Konstruktionen, so dass im Einzelfall die Ausstellungsplanung auf die besondere Situation abgestimmt werden muss.

Die strukturellen Unterstützungsbauteile, insbesondere große Teile der Eisenkonstruktionen konnten mit heute gängigen Nachweiskonzepten mit dem Ergebnis untersucht werden, dass diese aus heutiger Sicht erhebliche Tragfähigkeitsreserven aufweisen.

Die hauptsächlich im Erdgeschoss verbauten Sandsteinsäulen aus sächsischem Sandstein konnten nach Vorversuchen an Kleinbohrkernen in ihren Eigenschaften so eindeutig zugeordnet und eingeschätzt werden, dass die erforderliche Tragfähigkeit durch rechnerischen Nachweis bestätigt werden konnte.

Bereits in der Vorplanung war zu erkennen, dass für Tontopfdecken, gusseiserne Biegeträger und Kalksteinsäulen nebst Kapitellen und Basen rechnerische Nachweise allein nicht zum gewünschten Ergebnis führen würden. Deshalb wurden bereits sehr früh Untersuchungsprogramme für eine ergänzende experimentelle Tragsicherheitsbewertung zur Erkundung der Leistungsfähigkeit der vorhandenen Konstruktion ausgearbeitet. Nachfolgend wird exemplarisch das Vorgehen an den Kalksteinsäulen näher erläutert.

Abb. 2: Kalottendecke aus Tontöpfen mit Kalksteinsäulen, historische Aufnahme.

Abb. 3: Kalottendecke aus Tontöpfen mit Kalksteinsäulen, Zustand vor Wiederaufbau.

3. Tragfähigkeitsbewertung von Kalksteinsäulen

In den einzelnen Ausstellungsräumen sind in den Mittelachsen Säulen aus unterschiedlichen Natursteinmaterialien (Sandstein, Kalkstein, Marmor) eingebaut worden (Abb. 2, 4). Die Säulen erhalten außer den beim Wiederaufbau etwa gleich bleibenden Eigenlasten des Gebäudes höhere Nutzlasten aus Museumsbetrieb und zum Teil Lasterhöhungen durch Einbau eines zusätzlichen Technikgeschosses unter dem Dach. Der Erhaltungszustand der einzelnen Säulenbauteile spielt im Zusammenspiel mit den Materialeigenschaften eine erhebliche Rolle, da bedingt durch die lange Standzeit als ungeschützte Ruine verschiedene Witterungseinflüsse auf die nicht unbedingt als Außenbauteile geeigneten Werkstoffe eingewirkt hatten. So mussten die Säulen mit Kapitellen und Basen aus Carrara-Marmor und Schäften aus Kalkstein einer genaueren Überprüfung unterzogen werden (Abb. 3, 5).

3.1 Säulenschäfte aus „marbre campan melange" (Pyrenäen-Marmor)

Die Schäfte sind aus so genanntem „Pyrenäen-Marmor" gefertigt, einem Kalkstein der Sorte „marbre campan melange". Das Material ist nicht homogen, insbesondere sind schon an den Außenflächen verschiedenfarbige Maserungen in unterschiedlichen Orientierungen zu erkennen, die dem Stein ein edles und dekoratives Aussehen verleihen (Abb. 4, 5). Die meisten Säulen stehen noch an ihren originalen Einbauorten. Im Depot sind zwei unbeschädigte und Bruchstücke von vier zerbrochenen Säulen eingelagert.

Sowohl an den Schäften als auch an den Basen und Kapitellen aus Marmor waren per Augenschein Schäden aus Kriegs- und Witterungseinflüssen festzustellen. Aus der Literatur war bekannt, dass schon vor dem erstmaligen Einbau Reparaturen infolge Transportschäden durchgeführt werden mussten. Deshalb wurde nach einer allgemeinen Schadenskartierung zunächst eine orientierende Ultraschalluntersuchung an diesen Bauteilen durchgeführt:

Nach derzeitigem Forschungsstand ist bei Schallgeschwindigkeiten unter ca. 2.000 m/s bei Marmor zunächst von nicht ausreichender Tragfähigkeit auszugehen. Schallgeschwindigkeiten über 3.000 m/s deuten auf ausreichende Tragfähigkeit hin. Einige der vorhandenen Bauteile wie Kapitelle, Basen und Säulenschäfte lagen im „Graubereich" dazwischen oder nahe der unteren Grenze.

Obwohl die gemessenen Schallgeschwindigkeiten bei den Säulenschäften größtenteils Werte weit über 3.000 m/s ergeben hatten, konnte deren Tragfähigkeit zunächst nicht bestätigt werden. Die Säulenschäfte bestehen auch im Inneren aus den schon äußerlich sichtbaren verschiedenen, miteinander „verbackenen" helleren und dunkleren Schieferlagen aus Kalksteinmaterialien und sonstigen Einlagerungen (Abb. 6). Die einzelnen Lagen weisen unterschiedliche Härten auf. Nach Auswertung einer zusätzlich durchgeführten Georadaruntersuchung entlang der Übergangszonen bestand die Vermutung, dass diese Lagen nicht durchgängig kraftschlüssig verbunden sind. Es wurden „Risse, Klüfte und Bruchzonen" detektiert, an einer Säule konnte ein Metalldübel geortet werden, der offensichtlich bereits vor dem Einbau der Säule zu Reparaturzwecken eingesetzt worden war [2]. Über das tatsächliche Verbundverhalten kann mit dieser Methode jedoch keine Aussage getroffen werden, da eine sicherlich vorhandene Verzahnung zwischen den einzelnen Gesteinsschichten mit der Radarmethode nicht feststellbar ist.

Die Bruchflächen der eingelagerten zerbrochenen Säulenstümpfe zeigen keine charakteristische Form oder Neigung, sie verlaufen nur teilweise entlang der durch die einzelnen Schieferlagen vorgegebenen Kanten, teilweise auch durch die homogenen Einzelschichten. Ergänzende Erläuterungen zu den Ultraschall- und Georadaruntersuchungen werden in [2] gegeben.

Alle noch vorhandenen historischen Bauteile, auch die Bruchstücke sollen soweit möglich wieder eingebaut und tragend genutzt werden.

3.1.1 Statische Analyse

Die zunächst überschlägig durchgeführte Bemessung dieser Säulenschäfte brachten unter Zugrundelegung der aus der Literatur entnommener Kennwerte für diese Gesteinsart (Druckfestigkeit ca. 80–100 N/mm^2) und Berücksichtigung von planmäßigen und ungewollten Ausmitten bei weitem ausreichende Traglastreserven für einen homogenen Querschnitt.

Die tatsächliche Tragfähigkeit der einzelnen Säulenschäfte wird jedoch nicht durch die Einzelfestigkeit der einzelnen Gesteinskomponenten, sondern durch das Verbundverhalten des Gesamtquerschnitts charakterisiert. Sofern die inneren Kräfte der Säule über das Verbundverhalten des Gesamtquerschnitts so aufgenommen werden, dass unter der um einen Sicherheitsfaktor erhöhten Gebrauchslast ein „homogener" Querschnitt erhalten bleibt, ist die Tragfähigkeit auch bei relativ niedriger

Abb. 4: Historische Säulenstellung mit Tonnengewölbe; historischer Zustand.

Abb. 5: Historische Säulenstellung mit Tonnengewölbe, Zustand vor dem Wiederaufbau.

Qualität des Grundmaterials gegeben.
Der Nachweis der Tragfähigkeit auf rein rechnerischem Wege ist nicht zielführend, da das innere Tragverhalten nicht ausreichend dargestellt werden kann. Grad und geometrische Form der Verzahnung sind in jeder Fuge unterschiedlich und idealisiert rechnerisch nicht erfassbar.
Deshalb wird die Tragfähigkeit der Säulen rechnerisch und experimentell nachgewiesen (so genannte „hybride Nachweisführung" [3]).

3.1.2 Experimentelle Untersuchungen

Mit Hilfe der Ergebnisse der verfeinerten Radaruntersuchungen wurden alle Säulenschäfte und Bruchstücke in bezug auf Schäden, Inhomogenitäten und Klüftungen klassifiziert. Es wurde ein mehrstufiges Verfahren zur Beurteilung der Tragfähigkeit entwickelt:

Abb. 6: Im Depot eingelagerter Säulenschaft aus „marbre campan melange".

Stufe 1: Tastversuch zur Beurteilung des Verbundverhaltens (Abb. 7).

Zwei repräsentativ für die festgelegten Klassen ausgewählte Schaftbruchstücke wurden in Form von Trommeln mit einem Verhältnis Dicke zu Höhe $d/h \approx 1/2$ innerhalb einer Tastversuchsreihe mit einer zentrischen und einer exzentrischen Druckkraft belastet (Gebrauchslast ca. $F_Q = 650$ kN, Versuchsziellast $F_{Ziel} = 1.400$ kN). Es wurde eine maximale Ausmitte von $e \leq d/8$ erzeugt. In den Versuchen wurde eine Schallemissionsanalysemessung (SEA) integriert, damit festgestellt werden konnte, wann sich der Verbund zwischen den Einzelkomponenten zu lösen beginnt. Die Versuche erfolgten zunächst zerstörungsfrei, die Lasten waren durch die SEA begrenzt.

Bild 7: Versuchsaufbau Säulenfragment im Depot.

Zur besseren Einschätzung des Bruchverhaltens und zur Kalibrierung der SEA für die weiteren Versuche der Stufe 2 und 3 wurde bei einem Versuch die Last zentrisch weiter bis zu einer Maximallast $F_{max} = 2.700$ kN gesteigert. Da die Schallemission an allen Sensoren zugenommen hatte und sich eine Nichtlinearität der Messkurven andeutete, wurde die Last nicht weiter gesteigert. Die experimentell nachgewiesene zentrische „Bruchsicherheit" betrug $\gamma_u = 2.700$ kN/650 kN = 4,2.

Stufe 2: Belastungsuntersuchung an den zwei ausgebauten Säulen im Depot (Abb. 8, 9).

Die Säulenschäfte wurden in einer mobilen Prüfpresse liegend mit der um den Sicherheitsbeiwert $\gamma = 2,1$ erhöhten Gebrauchslast ($V = 2,1 \times 650$ kN = 1.365 kN) unter Einsatz der SEA zentrisch und exzentrisch belastet. Es ergab sich, dass beide Säulenschäfte für zentrische Lasten ausreichend tragsicher sind. Bereits bei geringen Exzentrizitäten ($M/N = e \leq d/8$) muss die zulässige Normalkraft jedoch wegen der Inhomogenität des Kalksteins eingeschränkt werden (Kernränder 2,5 cm $\leq e \leq$ 5,7 cm). Dieser Effekt war bei den relativ kurzen Säulenbruchstücken der Stufe 1 nicht signifikant aufgetreten. Die zudem festgestellte große Streubreite der E-Moduli stützt die Annahme, dass die Materialfestigkeiten stark streuen, der mittlere E-Modul lag mit etwa 80.000 N/mm² im erwarteten Rahmen.

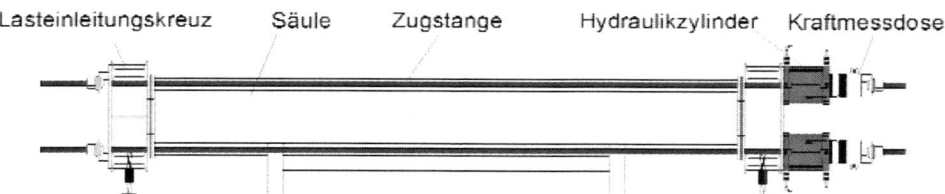

Abb. 8: Versuchsaufbau Säulenschaft im Depot, schematisch.

Abb. 9: Versuchsaufbau Säulenschaft im Depot.

Stufe 3: Untersuchung der im NMU eingebauten Säulen (Abb. 10, 11).

Die Untersuchung der unter 3.1 beschriebenen, bereits vor ihrem erstmaligen Einbau mittels eines Dorns reparierten Säule wurde zwischenzeitlich konzipiert und durchgeführt. Entsprechend der Einbausituation vor Ort kam eine modifizierte Belastungseinrichtung mit Klemmringen zum Einsatz. Zwischen Klemmringen und Säule wurden zur Lastübertragung und zum Toleranzausgleich Buchenholzleisten vollflächig eingelegt. Die Übertragung der externen Versuchslasten erfolgte durch gezieltes Vorspannen der Klemmringe über Reibung zwischen Klemmring und Holz bzw. zwischen Holz und Säule. Dieser Versuchsaufbau hat den Vorteil, dass kein Ausbau von Basis oder Kapitell erforderlich ist und somit keine historische Substanz beeinträchtigt wurde. Die bereits vorhandene Auflast verbleibt mit ihrer ggf. vorhandenen Ausmitte in der Säule und muss nicht zusätzlich über die Prüfpressen extern eingeleitet werden. Allerdings wird nur der Bereich zwischen den Klemmringen beprobt. Dies war im vorliegenden Fall ausreichend, da lediglich die Bruchstelle und eine weitere detektierter „Schrägkluft" untersucht werden sollten. Extern werden über die Klemmringe ca. 660 kN aufgebracht. Zusammen mit der bereits vorhandenen Auflast von ca. 340 kN erfolgt somit für eine Beprobung mit einer Ziellast von $F_{Ziel} = 660\,kN + 340\,kN = 1000\,kN$ zum Nachweis einer rechnerischen Gebrauchslast von ca. 580 kN. Die Versuchsziellast wurde in diesem Fall nicht anhand eines globalen Sicherheitsbeiwertes sondern unter Berücksichtigung von Teilsicherheitsbeiwerten ermittelt. Dies hat den Vorteil, dass die im Bauwerk bereits vorhandenen Lasten ohne Sicherheitsaufschlag in ihrer wirklichen Größe eingerechnet werden. Damit kann die für den Nachweis der Standsicherheit erforderliche extern einzubringende Last gegenüber der „globalen" Betrachtungsweise verringert werden. Die erforderliche Versuchsziellast

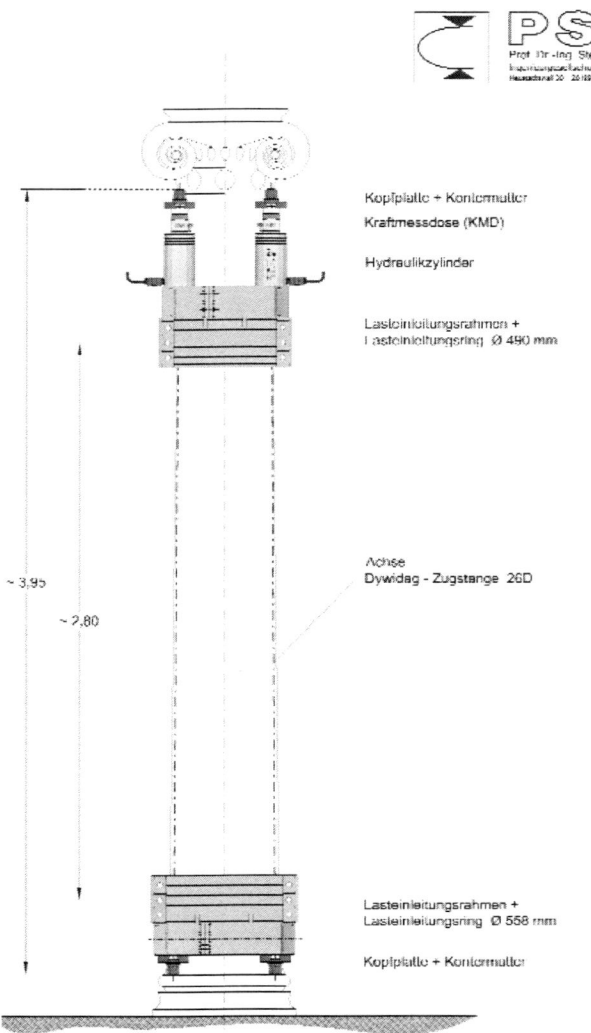

Abb. 10: Versuchsaufbau Säulenschaft mit Krafteinleitungsringen in situ, schematisch.

Abb. 11: Versuchsaufbau gebrochener und reparierter Säulenschaft
(oben: Versuchseinrichtung Kopf;
unten: Versuchseinrichtung Fuß).

wurde erreicht, ohne dass die angeschlossene SEA oder die Wegaufnehmer entlang der detektierten „Rissufer" nennenswerte Reaktionen gezeigt hätten. Abbruchkriterium nach Erreichen der Versuchsziellast war nicht ein beginnendes Versagen der Säule sondern ein beginnender Schlupf zwischen Buchenholz und Säule im Klemmring. Es ist daher zu vermuten, dass die Säule noch weitere Lastreserven besitzt. Ein abschließender Zeitstandstest wurde mit einer Last von F = 400 kN + 340 kN = 740 kN, also mit der etwa 1,3-fachen Gebrauchslast ohne feststellbare Reaktionen der Säule durchgeführt. Es wurden keine Bewegungen im „Riss" oder Signale der SEA festgestellt, so dass festzustellen ist, dass die bauzeitliche Reparatur durch Verklebung mit einem Naturharz (vermutlich Schellack) in Verbindung mit dem eingesetzten Dorn eine durchaus angemessene und handwerklich hervorragend ausgeführte Maßnahme war, die auch in Zukunft Bestand haben wird. Auch die weitere detektierte „Schrägkluft" war in der Lage, die aufgebrachten Lasten sicher zu übertragen.

3.1.3 Rechnerischer Nachweis und Hinweise zur Weiterverwendung

Da sich Ausmitten als kritisch erwiesen haben, wurden die tatsächlich vorhandenen Schiefstellungen und Verkrümmungen für die vor Ort noch eingebauten Säulen aufgemessen. Diese können direkt in die rechnerische Nachweisführung eingebracht werden. Durch Vergleich mit den im Versuch erreichten Ausmitten für einzelne Lastszenarien kann die Tragfähigkeit rechnerisch abgeschätzt werden. Beim späteren Einbau der im Depot eingelagerten Säulen in die tragende Struktur ist daher große Sorgfalt auf die Zentrierung der Lasten, Begrenzung der Exzentrizitäten und Vermeidung von Kantenpressungen zu legen. Die Konstruktionen der neuen Geschossdecken oberhalb der Säulenebene wurden so geplant, dass nur minimale Ausmitten für die Bestandssäulen auftreten können.

Die im Depot lagernden Säulenbruchstücke sollen so bearbeitet werden, dass möglichst große Einzeltrommeln aus dem Originalmaterial entstehen. Diese sollen durch weitere, neu gefertigte Trommeln aus dem gleichen Material zum kompletten Säulenschaft ergänzt werden. Da rechnerisch in den Säulenschäften keine Zugspannungen auftreten, kann auf der sicheren Seite liegend eine Bemessung als „Pfeilerquerschnitt" nach den Regeln des Mauerwerksbaus erfolgen.

3.2 Säulenschäfte aus „Rosso Levanto" (Italien)

In den Kalottensälen mit planmäßig höheren Vertikallasten baute Stühler Säulenschäfte aus einem Kalkstein der Varietät „Rosso Levanto" ein (Abb. 2, 3). Die noch erhaltenen vier Säulen standen nach dem Krieg über lange Zeit ungeschützt unter Eigengewichtsbelastung durch die oberhalb liegenden Geschosse. Für den Neubau des Technikgeschosses im Dach wurden vorhandene schwere Dachaufbauten entfernt und eine zwischen den Außenwänden freitragende Konstruktion konzipiert. So erhalten die Säulen nach dem Wiederaufbau geringere Lasten verglichen mit den Lasten bis zur Kriegszerstörung und nur unwesentlich höhere Lasten verglichen mit den Lasten der Standzeit als Ruine.

Bei einer Säule, die durch ihren exponierten Standplatz in der Ruine besonderen Witterungseinflüsse ausgesetzt war (Abb. 3), wurde im Rahmen der Ultraschall-Voruntersuchungen sowohl der Zustand von Basis und Kapitell als auch der des Säulenschaftes kritisch eingestuft. Deshalb musste zur Abwendung einer möglichen Gefahr eine Notabstützkonstruktion eingebaut werden. Diese wurde so geplant, dass sie später auch zum Ausbau der kompletten Säule bzw. von Basis und Kapitell nutzbar war (Abb. 12).

3.2.1 Statische Analyse

Die zunächst überschlägig durchgeführte Bemessung dieser Säulenschäfte brachten unter Zugrundelegung der aus der Literatur entnommener Kennwerte für diese Gesteinsart (Druckfestigkeit ca. 120–140 N/mm², Biegezugfestigkeit ca. 6–10 N/mm²) und Berücksichtigung von planmäßigen und ungewollten Ausmitten bei weitem ausreichende Traglastreserven für einen homogenen Querschnitt. Die tatsächliche Tragfähigkeit des Säulenschaftes wurde infolge der gemessenen Ultraschallgeschwindigkeiten von 2.793 m/s kritisch bewertet. Da Basis und Kapitell dieser Säule wegen geringer Ultraschallwerte zur weiteren Untersuchung ausgebaut werden sollten, wurde festgelegt, die Tragfähigkeit der Säule mit Hilfe einer experimentellen Tragfähigkeitsbewertung zusätzlich zu bestätigen.

3.2.2 Experimentelle Untersuchungen

Zunächst wurde die Notabstützung so weit angepresst, dass die Säule vollständig entlastet war. Danach wurden Basis und Kapitell zur weiteren Beprobung ausgebaut (Abb. 13). Die Säulenschäfte wurden anschließend mit einer mobilen Prüfpresse stehend in situ belastet. Mit Hilfe einer modifizierten

Abb. 12: Notabstützung, konzipiert für späteren Ausbau der Säule.

Belastungseinrichtung (Abb. 14, 15), die der Einrichtung für die Beprobung der liegenden Säulen unter 3.1.2, Stufe 2 ähnlich war, wurden γ = 2,1-fache Versuchslasten von ca. 2.400 kN unter Einsatz der SEA zentrisch und exzentrisch für maximale Außermittigkeit von e = d/15 aufgebracht. Es ergab sich, dass der Säulenschaft für die auftretenden zentrische und exzentrische Lasten ausreichend tragsicher ist. Allerdings hat sich auch für dieses Material die Empfindlichkeit gegen ausmittige Lasten und die relativ große Streubreite des E-Moduls (ca. 40.000–50.000 N/mm²) im Versuch bestätigt.

3.2.3 Rechnerischer Nachweis und Hinweise zur Weiterverwendung

Die tatsächlich vorhandenen Schiefstellungen und Verkrümmungen der weiteren eingebauten Säulen wurden aufgemessen und direkt in die rechnerische Nachweisführung eingebracht. Durch Vergleich mit den im Versuch erreichten Ausmitten für einzelne Lastszenarien konnte die Tragfähigkeit rechnerisch abgeschätzt und bestätigt werden.

Kapitell und Basis aus Marmor wurden extern beprobt, nach Auswertung der Ergebnisse der Belastungsuntersuchungen zur weiteren Verwendung beim Wiederaufbau freigegeben und zwischenzeitlich wieder eingebaut.

Abb. 13: Säulenschaft, Basis und Kapitell ausgebaut, unteres Lastkreuz eingebaut.

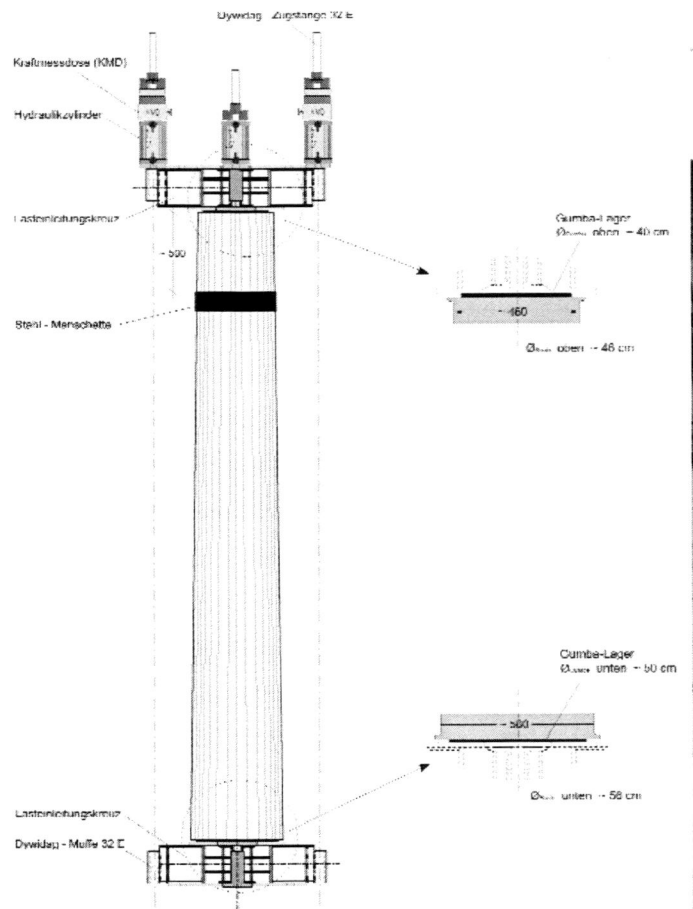

Abb. 14: Versuchsaufbau Säulenschaft mit Lastkreuz in situ, schematisch.

Abb. 15: Versuchsaufbau Säulenschaft mit Lastkreuz in situ.

4. Zusammenfassung

Bauingenieure werden immer häufiger mit Aufgabenstellungen im Spannungsfeld zwischen historischer Baukonstruktion und modernen Nutzungsanforderungen konfrontiert. In der Regel sind sie diesen Aufgaben zwar gewachsen – rein technisch ist nahezu alles machbar – jedoch ist ein Mangel an Verständnis für die historische Konstruktion und die denkmalpflegerische Zielstellung weit verbreitet. Das Verständnis für die historische Konstruktion ist allerdings Grundlage für den adäquaten Umgang mit denkmalpflegerisch wertvollen Konstruktionen. Das Aufgabenfeld des Ingenieurs geht auch in diesen Fällen viel weiter über die technischen Realisierungsmöglichkeiten oder Einstufung in heutige Vorschriftenszenarien hinaus. Die wichtigste Aufgabe der Ingenieure war im oben beschriebenen Fall, frühzeitig zu erkennen, dass rein theoretische Ansätze nicht zielführend sind und im weiteren alle Beteiligten, den Auftraggeber, den Nutzer, den Architekten bis hin zu den erforderlichen Spezialisten zur gegebenen Zeit in die Diskussion mit einzubeziehen und diese Diskussion auch zu moderieren.

Für die Kalksteinsäulen des Neuen Museums konnten mit Hilfe der hybriden Statik somit Konzepte erarbeitet werden, die mit Unterstützung der experimentellen Tragsicherheitsanalyse eine adäquate Nutzung erlauben.

Literatur

[1] Eisele, G., Seiler, J.: The Berlin „Neues Museum" – structural analysis, stabilisation and structural design for restoration; Structural Studies, Repairs and Maintenance of Historical Buildings VI. WitPress, ISBN 1 85312690 X, ISSN 1368–1435: S. 767–778.

[2] Köhler, W.: Zerstörungsfreie Rissuntersuchungen an Natursteindenkmalen, Tagungsband Natursteinsanierung Stuttgart 2005. Suttgart: Fraunhofer IRB-Verlag, 2006. ISBN 3-8167-6718-4: S. 105–116.

[3] Steffens, K.: Experimentelle Tragsicherheitsbewertung von Bauwerken; Grundlagen und Anwendungsbeispiele. Ernst & Sohn, 2002. ISBN 3-433-01748-4.

[4] Eisele, G., Gutermann, Seiler, J., Steffens, K.: Wiederaufbau Neues Museum in Berlin – Tragwerksplanung pro Baudenkmalpflege. Die Bautechnik 81, Heft 6. Verlag Ernst & Sohn, 2004.

[5] Eisele, G.: Tragwerksplanung mit denkmalgeschützter Bausubstanz – Methoden der Strukturanalyse; GESA Symposium 2005 Strukturanalyse. VDI-Berichte 1899. VDI-Verlag: ISBN 3-18-091899-3, ISSN 0083-5560, S. 161–173

Projektbeteiligte

Bauherr: Stiftung Preußischer Kulturbesitz Staatliche Museen zu Berlin vertreten durch Bundesamt für Bauwesen und Raumordnung (BBR)

Architekt: David Chipperfield Architects (DCA) London – Berlin in Kooperation mit Julian Harrap Architects London

Tragwerksplanung: Ingenieurgruppe Bauen (IGB) Karlsruhe – Mannheim – Berlin

Prüfingenieur: Dr.-Ing. Hartmut Kalleja, Berlin

experimentelle Tragwerksuntersuchung: Prof. Dr.-Ing. Steffens Ingenieurgesellschaft mbH (PSI) Bremen

Schallemissionsanalyse: Institut für experimentelle Mechanik HTWK Leipzig

Ultraschall u. Georadar: Labor Köhler (Potsdam) in Kooperation mit Matthias Grote Planungsbüro

Abbildungen

Abb. 1: von David Chipperfield Architects Berlin zur Verfügung gestellt
Abb. 2, 4: historische Aufnahmen
Abb. 3, 5, 6, 9, 11, 12: Ingenieurgruppe Bauen
Abb. 7, 8, 10, 13, 14, 15: von PSI Bremen zur Verfügung gestellt
Titelbild: Ingenieurgruppe Bauen

Praktische Erfahrungen mit einer KSE-gebundenen Ergänzungsmasse in der Natursteinrestaurierung

von Thomas Schubert

Die Firma Remmers hat vor ungefähr fünf Jahren das KSE-Modulsystem entworfen und auf den Markt gebracht. Hierzu gehörte auch ein Anböschmörtel. Ein Mörtel mit der Bindung eines Kieselsäureethylesters, der genaue Anwendungsvorschriften vorgab und nicht als modellierfähige Steinergänzungsmasse zu verwenden war. In den vergangenen Jahren wurde eine Technologie entwickelt, die es gestattet, einen KSE-gebundenen Mörtel für die Ergänzung verloren gegangener Teilbereiche einzusetzen. Die verschiedenen Entwicklungsstufen und die Beobachtungen an Objekten werden hier vorgestellt.

1. Einleitung

Zu den Aufgaben eines Restaurators im Bereich der Steinkonservierung und Restaurierung gehört häufig eine Abfolge von Arbeitsschritten, die von der Konsolidierung geschädigter Bereiche über das Hinterfüllen und Anböschen von Schollen und Schalen bis hin zu Teilbereichsergänzungen reichen. Meist ist es von technologischem Vorteil, diese Arbeitsschritte mit demselben Bindemittel auszuführen.

Das von Firma Remmers angebotene KSE-Modulsystem [1] beinhaltet diesen gedanklichen Ansatz und reicht in seiner Produktpalette bis zum Anböschmörtel.

Ist man als Restaurator gewillt, diese KSE-gebundene Mörtelmasse für Steinergänzungen größerer Art zu verwenden, stößt man an technologische Grenzen und akzeptiert sehr schnell die Begriffsdefinition des Anböschmörtels, der nicht für größere Flächen geeignet ist.

Es soll hier an Hand von Beispielen der Weg der Entwicklung einer gebrauchsfähigen KSE-gebundenen Steinergänzungsmasse unter restauratorischen Gesichtspunkten dargestellt werden.

2. Ausgangspunkt

Der Ausgangspunkt war die Restaurierung von mehreren Objekten im Jahr 1999, bei denen der KSE-gebundene Anböschmörtel des KSE-Modulsystems der Firma Remmers als Steinergänzungsmaterial zum Einsatz gekommen ist (siehe Abbildungen 1 bis 5). Kleinere Fehlstellen wurden mit einer KSE-gebundenen Steinergänzungsmasse geschlossen. Die hier angewendete Mörtelmischung bestand aus einer Mischung von verschiedenen Sanden, Pulvern und Pigmenten (Richtrezeptur COT- 2.2) sowie der Beimengung von KSE 500 STE. Es wurde so viel Bindemittel hinzugegeben, dass die Steinergänzungsmasse gut modellierfähig war. Vor dem Auftragen wurde der Untergrund mit Funcosil 100 vorgenässt, womit gleichzeitig die geschädigten Bereiche gefestigt wurden. Die Ergänzungen wurden nachträglich mit Lasuren bzw. Silikatkreiden eingetönt. Das Ergebnis der Restaurierung und die Beständigkeit der eingesetzten Materialien über den Zeitraum der folgenden zwei Jahre gaben die Motivation, diesen technologischen Weg weiter zu verfolgen.

3. Steinergänzungen an Sandsteinsäulen

Bei der Restaurierung der Säulen der Ostkolonnade vom Belvedere auf dem Pfingstberg in Potsdam [2] im Jahr 2002 war geplant, einen großen Teil der Ergänzungen mit einem KSE-gebundenen Steinergänzungsmörtel auszuführen. Die Art der Ergänzungen reichte vom Schließen kleiner einfacher Fehlstellen bis hin zu Rekonstruktionen von Teilbereichen der verloren gegangenen Kanneluren. Zum Einsatz kam hier eine Rezeptur („Pfingstbergrezeptur"), die aus der Mischung eines Quarzsandes (F36) und dem Quarzpulver sowie Mineralpulver, dem Füllstoff A und B, bestand. Der Bindemittelanteil von KSE 500 STE wurde sehr unterschiedlich verwendet und reichte von 1:8 bis 1:5 Gewichtsanteilen Zuschlag. Die Antragstellen wurden vor dem Beschichten mit Funcosil 100 benetzt [3]. Auf Grund der Sensibilität der KSE-Bindung vom eingebrachten Steinergänzungsmörtel traten Probleme in der Verarbeitung und Haftung auf. Es kam zu Rissbildungen und Hohllagigkeiten, so dass mehrere Antragungen ausgetauscht werden mussten. Die Häufigkeit der Schäden reduzierte sich, je besser das vorgeschriebene Mischungsverhältnis von 1:8 zwischen Bindemittel und Zuschlagstoffen eingehalten wurde.

Die hier entstandenen Probleme zeigten recht deutlich die technologischen Grenzen in der Anwendung der KSE-gebundenen Anböschmasse als Steinergänzungsmörtel.

Abb. 1: Grabstelen Nietner auf dem Friedhof Potsdam-Bornstedt. Zustand nach der Restaurierung im April 2000.

4. Untersuchungsprogramm

Um Unsicherheiten beim nächsten Bauabschnitt am Pfingstberg weitestgehend ausräumen zu können, wurden Untersuchungsreihen [4] zu verschiedenen Aspekten der KSE-gebundenen Ergänzungsmasse angelegt. Ziel der Untersuchungen war es festzustellen, inwieweit sich Rezepturunterschiede, Rezepturabweichungen aus Gründen der besseren Verarbeitbarkeit, Antragsverfahren und Antragsstärke auf das restauratorische Ergebnis sowie auf die physikalischen Eigenschaften der Antragsmasse und der Gesteinsoberfläche auswirken.

In Auswertung erster Versuchsreihen auf Sandsteinplatten wurden größere Musterflächen mit einer Kombination der unterschiedlichen Sachverhalte an zwei Säulenstümpfen aus Elbsandstein angelegt. Die beiden stark geschädigten oberen Säulenabschnitte wurden im Rahmen der Restaurierungsarbeiten an der Ostkolonnade des Belvedere Pfingstberg abgetrennt und durch Neuteile vollständig ersetzt. Die erhaltenen Säulenstümpfe konnten für die Probemaßnahmen in der Werkstatt genutzt werden. Mit dem Anlegen der Musterflächen wurde der Säulenabschnitt in seiner ursprünglichen Geometrie wiederhergestellt. Der Großteil der Aus- und Abwitterungen wurde oberflächenbündig geschlossen. Profilierungen und Kannelierungen sind originalgetreu wiederhergestellt worden (siehe Abbildungen 6, 7 und 8).

Folgende Sachverhalte wurden mit den Vorversuchen und Musterflächen bearbeitet:

Untergrundbehandlung

Ziel dieser Probereihe war es, den Einfluss einer Untergrundbehandlung auf das Haftungsvermögen der Antragungen am Untergrund sowie die Wirkung auf die Gesteinsoberfläche zu überprüfen.

Dazu wurden die Steinuntergründe zunächst mit einem Kieselsäureethylester mit 10%-iger Gelabscheidungsrate vorgenässt. Lösungsmittel wurden als alternative Möglichkeit ausgeschlossen, da sie sehr schnell verdunsten und die Oberfläche demnach nicht so lange feucht bleibt. Weiterhin wurde eine Haftschlämme aus Trockenmischung und Bindemitteln mit unterschiedlicher Gelabscheidungsrate aufgebracht.

Modellierfähigkeit der Masse

Ausgangspunkt dieser Versuchsreihe war die immer wieder gemachte Erfahrung, dass der durch Rezepturen vorgegebene Bindemittelanteil für KSE-gebundene Massen so gering eingestellt ist, dass die Massen sehr trocken sind. Da aber die Modellierfähigkeit einer Antragmasse, d. h. ihre gute Verarbeitbarkeit, entscheidend für das Resultat einer Restaurierungsmaßnahme ist, ist der Restaurator geneigt, den Bindemittelanteil zu erhöhen und damit die Massen feuchter einzustellen. Aus naturwissenschaftlicher Sicht bestehen bisher Vorbehalte

Abb. 2 bis 5: Details der Grabstelen Nietner auf dem Friedhof Potsdam-Bornstedt. Kavernöse Auswitterungen wurden mit einer KSE-gebunden Steinergänzungsmasse geschlossen und nachträglich mit Silikatkreiden eingetönt.

Abb. 6: Säulenstumpf II für die Versuchreihe. Das aus Elbsandstein gefertigte Säulensegment stammt von der Ostkolonnade des Belvedere auf dem Pfingstberg in Potsdam. Es besitzt intensive kavernöse Auswitterungen und Schalenbildung.

Abb. 7: Säulenstumpf II nach dem Aufbringen der einzelnen Probeflächen für die Versuchreihe.

gegenüber dieser Vorgehensweise, da der erhöhte Bindemittelanteil zu Unausgewogenheiten im Festigkeitsprofil führen könnte.

Ziel dieser Untersuchungsreihe war es festzustellen, bei welchem Bindemittelanteil die Antragsmasse modellierfähig ist und sich gut verarbeiten lässt. Zudem sollten die Probereihen als Grundlage naturwissenschaftlicher Untersuchungen dieser Problematik dienen.

Beeinflussung des Abbindeverhaltens

Grundlage dieser Versuchsreihe ist die in der Praxis oft gemachte Erfahrung, dass die Abbindezeit von KSE-Antragmassen mit bis zu 7 Tagen sehr lang und diese somit nur eingeschränkt geeignet sind. Um die Abbindezeit zu reduzieren, wurden den KSE-Ergänzungsmassen mineralisch gebundener Restauriermörtel in unterschiedlichen Mischungsverhältnissen beigemischt. Zusätzlich sollte untersucht werden, ob mit einem schnelleren Abbinden sich die Rissbildung reduziert.

Pigmentierung KSE-gebundener Ergänzungsmasse

Ziel dieser Versuchsreihen war es, die Pigmentierbarkeit von KSE-Ergänzungsmassen zu unter-

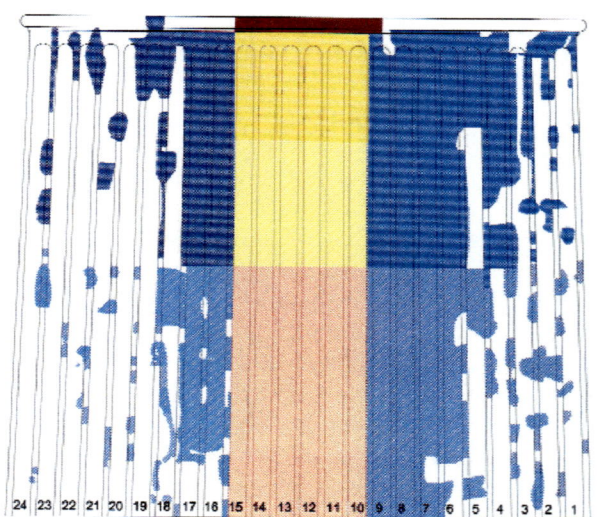

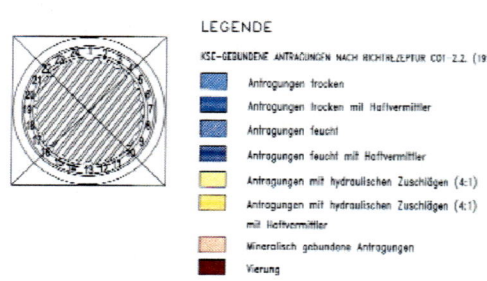

Abb. 8: Kartierung der verschiedenen Musterflächen am Säulenstumpf II.

suchen. Die Trockenmassen wurden hierbei in Abstufungen schwarz und ocker sowie in Kombination pigmentiert.

In einer ersten Probereihe wurde der Pigmentanteil zunächst in 1%-Schritten erhöht. Dabei zeigte sich, dass diese Vorgehensweise zu grob und das erzeugte Farbspektrum ungenügend differenziert ist. Zudem verschlechterte ein zu hoher Pigmentanteil (Feinststoffanteil) die Modellierfähigkeit der Masse.

In den folgenden Versuchsreihen wurde der Pigmentanteil reduziert und schrittweise gesteigert. Damit konnte die Farbigkeit der Antragungsmassen bei möglichst geringem Feinanteil ausreichend variiert werden.

Im Ergebnis dieser Untersuchungsreihen entstanden Mustertafeln, die es ermöglichen, bereits vor Ort den Pigmentanteil einer zu verwendenden Masse zu bestimmen.

5. Ergebnisse der naturwissenschaftlichen Untersuchungen

Während der Restaurator geneigt ist, die Masse durch einen erhöhten Bindemittelanteil besser handhabbar zu machen und eine Haftschlämme zur Verbesserung der Haftung zu verwenden, befürchtet der Naturwissenschaftler dadurch ein unausgewogenes Festigkeitsprofil mit erheblichen Sprungstellen. Um diesen Widerspruch aufzulösen wurden die Antragungen der Musterflächen an den Säulenstümpfen nach sechs Wochen Aushärtung durch Messung des tiefenabhängigen Bohrwiderstandes überprüft [5].

Bei KSE-gebundenen Steinersatzmörteln mit dem Zusatz des Restauriermörtels besteht aus naturwissenschaftlicher Sicht die Möglichkeit, dass das feuchtereaktivierbare Bindemittel des mineralischen Mörtels durch Quellvorgänge allmählich Gefügezerrüttungen verursachen kann. Deshalb wurden angefertigte Probekörper im Dilatometer sowie auch als Wägeprobe in der Petrischale alternierend mit Wasser befeuchtet. Durch Wägung wurde der Carbonatisierungsfortschritt ermittelt, mit der zeitgleichen Dilatation konnte Auskunft über damit einhergehende Gefügebewegungen gegeben werden. Zusammenfassend konnte festgestellt werden, dass der Zusatz des Restauriermörtels sich nicht negativ auf die Gefügestruktur der KSE-gebundenen Steinergänzungsmasse auswirkt.

Die Bohrwiderstandsmessungen zeigten, dass entgegen bisherigen Befürchtungen die Erhöhung des Bindemittelanteils in reinen KSE-gebundenen Rezepturen keine nachteiligen Auswirkungen hat. Im Vergleich zu den trockenen Varianten der Mischung lässt sich oft ein ausgeglichener Profilverlauf erzielen. Ebenso fallen bei Feuchtanwendungen die Unterschiede zwischen den beiden Sieblinien COT-2.2 und „Pfingstbergrezeptur" [6] weniger deutlich aus.

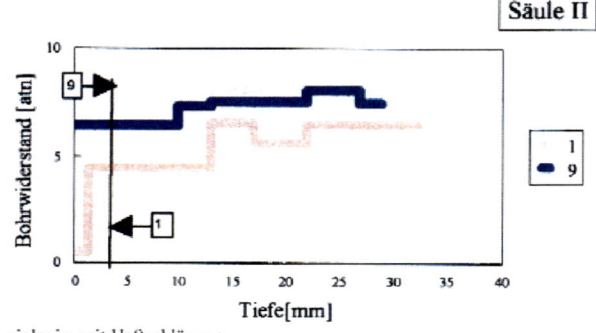

einlagig, mit Haftschlämme

Abb. 9: *Bohrwiderstandsmessungen am Säulenstumpf II. Bei einlagiger Antragung sind beide Profile zufrieden stellend. Ein gleichmäßigerer Verlauf des Tiefenprofils auf höherem Niveau wird mit der feuchten Rezeptur erzielt.*

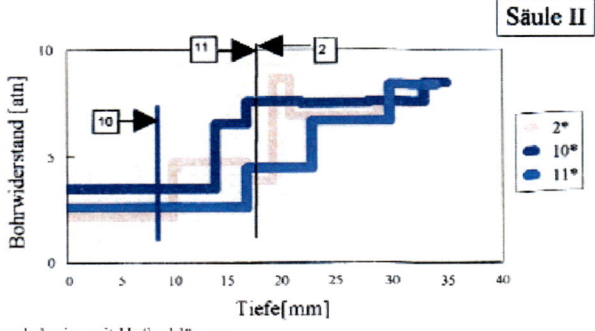

mehrlagig, mit Haftschlämme

Abb. 10: *Bohrwiderstandsmessungen am Säulenstumpf II. Die mehrlagigen Antragungen zeigen gute Profile für die feuchte Mischung. Der Antragmörtel ist weicher als der Stein und besitzt einen kontinuierlichen Festigkeitsanstieg zum Stein hin. Die trockene Mischung zeigt dagegen einen unerwünschten Festigkeitsanstieg am Steinkontakt.*

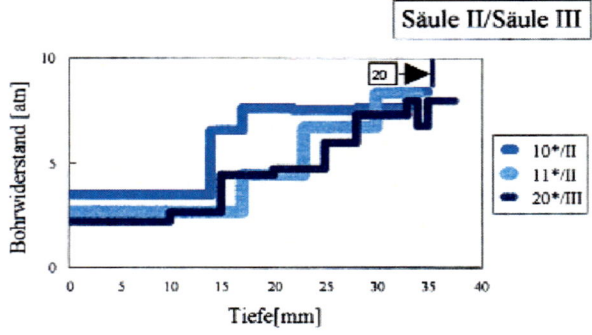

mehrlagig, mit Haftschlämme, feucht

Abb. 11: *Bohrwiderstandsmessungen am Säulenstumpf II und III. Die feuchten Mischungen mit Haftschlämme besitzen fast identische Profile mit hoher Qualität. Auch hier zeigt die Haftschlämme keine Überfestigungswirkung.*

Auch die Anwendung der Vorbenetzung mit einem Kieselsäureethylester mit 10%iger Gelabscheidungsrate und das Aufbringen einer Haftschlämme auf die Gesteinsoberfläche zeigte keine erkennbaren Nachteile (siehe Abbildungen 9, 10 und 11).

Trotz der guten Erfahrungen während der Bearbeitung wurden an den Mischungen mit dem Restauriermörtelzusatz Profile gemessen, die bauphysikalisch unzureichend sind. Die Oberfläche scheint überfestigt, und zwischen den einzelnen Antragslagen sind deutliche Sprungstellen vorhanden. Der Grund hierfür ist bei den technologischen Arbeitsschritten an den Säulenstümpfen zu suchen. Der Zeitpunkt des Abziehens und In-Form-Bringens wurde teilweise zu früh oder zu spät gewählt. Mit der Größe vom Anteil des mineralischen Zuschlages (Restauriermörtel) kann die Abbindezeit des KSE-gebundenen Ergänzungsmörtels beeinflusst werden. Je größer der Anteil ist um so geringer ist die Verarbeitungszeit.

Abb. 12: Figurenportal am Nordquerhaus vom Dom in Stendal nach abgeschlossener Restaurierung im Jahr 2004.

6. Anwendung

Unter Beachtung der ermittelten Ergebnisse konnte der zweite Bauabschnitt, die Restaurierung der Säulen an der Westkolonnade, im Jahr 2003 erfolgreich durchgeführt werden. Hierbei wurde eine Trockenmischung mit einer ausgewogenen Sieblinie (COT-2.2) verwendet. Mit dem Zusatz von Restauriermörtel im Verhältnis 1:10 wurde das Abbindeverhalten der KSE-gebundenen Steinergänzungsmasse so eingestellt, dass eine ausreichende Bearbeitungszeit für das In-Form-Bringen und nachträgliches Abziehen der Oberfläche möglich war. Die grundlegende farbliche Anpassung der Steinergänzung erfolgte durch eine Pigmentzugabe von maximal 1,5 % bezogen auf das Gewicht der Trockenmischung. Für die abschließende differenzierte farbliche Eintönung der Steinergänzungen wurden Silikatkreiden verwendet, deren Fixierung mit einem Kieselsäureethylester erfolgte.

Die KSE-gebundene Steinersatzmasse hat sich in der Praxis seitdem bewährt. Auch die Bedingungen auf der Baustelle, die nicht denen der Werkstatt oder des Labors entsprechen, lassen den Einsatz zu. An Objekten wie dem Figurenportal am Nordquerhaus des Domes in Stendal (siehe Abbildungen 12 bis 15) und der Wappenkartusche vom Alten Rathaus in Potsdam (siehe Abbildungen 16, 17 und 20) zeigte sich die Praxistauglichkeit zu verschiedenen Sachverhalten. So konnten ohne Probleme unterschiedliche Oberflächengestaltungen einzelner Details ausgeführt werden. Für eine gute Verarbeitung empfiehlt sich die Verwendung einer ausgewogenen Sieblinie wie beispielsweise COT- 2.2 und das Vornässen mit einem Kieselsäureethylester mit 10%-iger Gelabscheidungsrate sowie das Aufbringen einer Haftschlämme. Mit dem Bindemittelanteil von 1:4,5 lassen sich unkompliziert optisch gute Steinergänzungen anfertigen.

7. Kontrolle der Praxistauglichkeit

Im Rahmen einer Nachuntersuchung [7] der konservatorischen und restauratorischen Maßnahmen an der Wappenkartusche am Alten Rathaus in Potsdam konnte ermittelt werden, dass die eingebrachten KSE-gebundenen Steinersatzmassen eine ausreichende und homogene Festigkeit in sich besitzen und der Untergrund mit der erfolgten Vorbehandlung nicht überfestigt wurde (siehe Abbildungen 18 und 19). Bei mehrlagigen Antragungen war eine deutliche Aufeinanderfolge hoher und tiefer Bohrhärtewerte erkennbar. Dieses Detailergebnis gibt den Hinweis, dass die Oberflächen der einzelnen Lagen sicherlich nicht ausreichend nach dem Abbinden abgezogen wurden. In Zukunft können diese Diskontinuitäten mit der technologischen Beachtung vermieden werden.

Abb. 13 bis 15: Details vom Figurenportal am Nordquerhaus vom Dom in Stendal. Die Antragungen an den Stegen des Maßwerkes wurden mit einer KSE-gebundenen Steinergänzungsmasse ausgeführt. Nachträglich wurden diese mit Silikatkreiden eingetönt.

Abb. 16 und 17: Details der Wappenkartusche am Alten Rathaus in Potsdam. Die Ergänzungen an verlorenen Teilbereichen erfolgten mit einer KSE-gebundenen Steinergänzungsmasse.

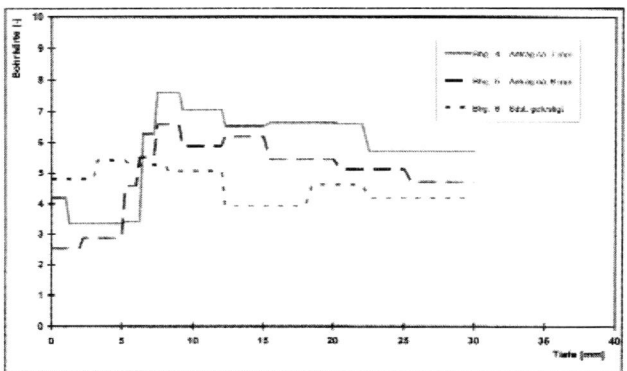
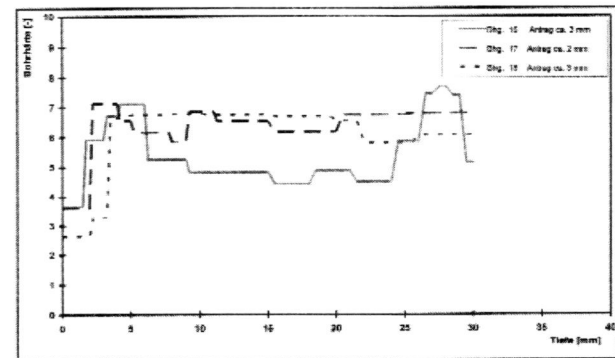

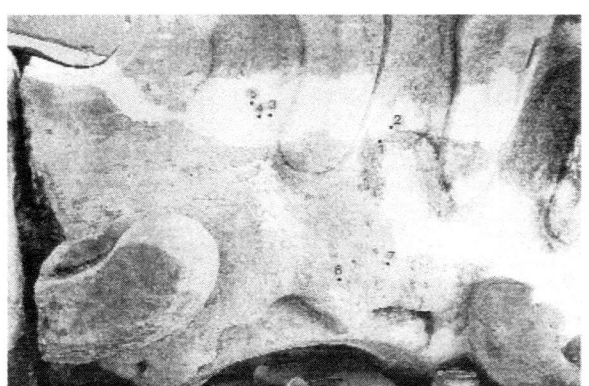
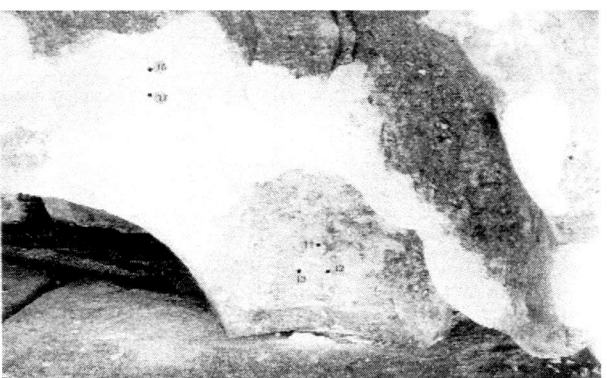

Abb. 18 und 19: Bohrwiderstandsmessungen an Teilbereichergänzungen aus einer KSE-gebundenen Steinersatzmasse an der Wappenkartusche am Alten Rathaus in Potsdam.
Die Bohrhärten der Antragungen liegen unter denen des Sandsteines und erreichen in den meisten Fällen Werte der Bohrhärte zwischen 3 und 4,5. Dieses ist ein guter Übergang zum Sandstein mit 5,5 Bohrhärte.

Abb. 20: Wappenkartusche am Alten Rathaus in Potsdam nach der Restaurierung und Farbneufassung im Sommer 2005.

Literatur/Quellen/Anmerkungen

[1] M. Boos, J. Grobe, G. Hilbert, E. Wendler: Möglichkeiten und Grenzen im KSE-System in Bautenschutz. Bausanierung Heft 8/97.

E. Wendler: Elastifizierte Kieselsäureester als mineralische Bindemittel für unterschiedliche Konservierungsziele. Praktische Erfahrungen mit dem KSE-Modulsystem in Löninger Beiträge zur Baudenkmalpflege. Neue Möglichkeiten zur Natursteinkonservierung, Band I, Dezember 2000.

Th. Lehmkuhl: Praktische Erfahrungen mit dem KSE-Modulsystem an zwei ausgewählten Beispielen in Löninger Beiträge zur Baudenkmalpflege. Neue Möglichkeiten zur Natursteinkonservierung, Band I, Dezember 2000.

[2] Die Restaurierung der Säulen der Ostkolonnade wurde im Auftrag der Stiftung Preußischer Schlösser und Gärten Berlin-Brandenburg vom Autor in Zusammenarbeit mit den Restauratoren Thomas Lehmkuhl und Andreas Klein ausgeführt.

[3] Produkte der Firma Remmers, Bestandteile des KSE-Modulsystems

[4] Thomas Schubert: Untersuchungsbericht: Restaurierungsproben zur Anwendung von KSE-gebundenen Steinergänzungsmörteln, 2003.
Das Untersuchungsprogramm wurde im Auftrag der Stiftung Preußischer Schlösser und Gärten Berlin-Brandenburg zusammen mit Herrn Dr. Eberhard Wendler, Fachlabor für Konservierungsfragen in der Denkmalpflege (München) ausgeführt.

[5] Dr. Eberhard Wendler – Fachlabor für Konservierungsfragen in der Denkmalpflege, München: Untersuchungsbericht: Potsdam, Belvedere auf dem Pfingstberg Säulen aus Cottaer Sandstein – Untersuchungen des Festigkeitsverlauf im Tiefenprofil an unterschiedlich starken Antragungen auf Basis Kieselsäureester-gebundener Mörtel, 2003.

[6] Für sämtliche Probereihen wurden folgende zwei KSE-Trockenmischungen verwendet:
„Pfingstbergrezeptur":
    700 g Funcosil KSE- Zuschlag
    400 g Funcosil KSE- Zuschlag B
    4600 g Funcosil KSE-Quarzsand F36
        plus Pigment

Rezeptur COT 2.2.:
    2250 g Quarzsand Kremer (250–400 µm)
    1410 g Quarzsand Kremer (40–150 µm)
    210 g Bimsgranulat Raab (90–400 µm)
    2810 g Funcosil KSE-Quarzsand F 36
    810 g Funcosil KSE-Zuschlag A
    590 g Funcosil KSE-Zuschlag B
        plus Pigment

[7] Dr. Ludwig Sattler, Dr. Robert Sobott – Labor für Baudenkmalpflege Naumburg, Untersuchungsbericht: Untersuchungen an Sandsteinproben und Antragungen am Alten Rathaus in Potsdam, 2005.

Abbildungen

Abbildungsnachweis: Die Abbildungen 9, 10, 11 stammen von Herrn Dr. Wendler siehe [5] und die Abbildungen 18 und 19 von Herrn Dr. Sattler und Dr. Sobott siehe [7]. Alle anderen Abbildungen sind vom Autor selbst.

Computergestützte Umsetzung von Kartierungsergebnissen in AutoCAD-Umgebung

von Hermann Schäfer

Grundlage für die Kartierung von Gebäudefassaden oder Einzelobjekten sind oft fotogrammetrisch erstellte Ansichtspläne, die dann als Vektorzeichnung vorliegen. Ein viel benutztes Werkzeug zur Bearbeitung dieser Vektordaten ist das CAD-Programm AutoCAD. Es bietet den Vorteil, über verschiedene Schnittstellen Zusatzprogramme erstellen und einbinden zu können. So gibt es eine Vielzahl von Branchenapplikationen, die sich in die AutoCAD-Umgebung einfügen und dem Benutzer eine auf seine Bedürfnisse abgestimmte Erweiterung der AutoCAD-Funktionalität bieten.

1. Anforderungen an die Software

Ziel ist es, die Kartierdaten digital zu verwalten, darzustellen und auszuwerten. Deren Eingabe und Verwaltung muss entsprechend ihrem Charakter flächig, linien- oder punktbezogen erfolgen.
Eine reproduzierbare Verknüpfung der Zeichnungselemente mit den ihnen zugewiesenen Daten ist ebenso gefordert wie die Möglichkeit, diese Daten nachträglich zu ergänzen, zu ersetzen oder zu verändern. Anhand des Bauwerksplanes müssen sämtliche Informationen abgefragt werden können.
Bei der geforderten Visualisierung der Kartierungsinhalte in farbigen Flächen, Schraffuren, Linienelementen oder Signaturen sollen die Daten frei kombinierbar in thematischen Plänen dargestellt werden können. Eine quantitative Auswertung in weiterführenden Programmen (Tabellenkalkulation) muss möglich sein.
Neben den reinen CAD-Grafikobjekten sind somit auch eine Vielzahl von Sachdaten zu erfassen und zu verwalten. In einem reinen CAD-System ist dies nur eingeschränkt und mit großem Aufwand möglich. Einziges Mittel ist oft die Trennung auf verschiedene Layer, was aber umständlich ist und den komplexen Zusammenhängen nur selten gerecht wird.

2. Realisierung durch die Kartierungssoftware MonuMap

Abgestimmt auf die speziellen Belange bei der Kartierung wurde von dem Dresdner Softwarehersteller KUBIT (Foto-Entzerrungsprogramm „PhoToPlan", Aufmaßsoftware „TachyCad") das Programm „MonuMap" entwickelt, eine AutoCAD Applikation zur Bestandskartierung, Schadenserfassung und zur Erstellung von Maßnahmenplänen.
Ausgangsflächen für die Umsetzung der Kartierung mit MonuMap sind die Werksteinflächen. Die Werksteinflächen werden über ihre Umgrenzungslinien in einer integrierten Datenbank verwaltet. Die Aufnahme der Werksteine erfolgt automatisch oder manuell durch das Hinzufügen einzelner Flächen. In einem seitlich angeordneten Fenster werden die Daten verwaltet (Abb.1). Dieser „Kartierungsbaum" ist die Basis für die Verknüpfung von Informationen mit Flächen, Linien und Punkten. Anhand der Lage innerhalb oder in Überschneidung mit einer Werksteinfläche wird das kartierte Merkmal dem betreffenden Werkstein zugeordnet. Der Zugriff zu den Einzelmerkmalen kann somit immer auch über die Werksteinfläche erfolgen.
Diese Struktur eignet sich durchaus auch für die Aufnahme direkt vor Ort über einen Tablett-PC. Sie kann jederzeit erweitert und modifiziert werden und ist somit auf die Belange der Putzrestaurierung ebenso abzustimmen wie auf die Anforderungen der Bauforschung. Neben den Vektorzeichnungen einer CAD-Auswertung können auch entzerrte Fotografien und gescannte Pläne in AutoCAD eingelesen und als Kartierungsgrundlage verwendet werden. Mit der Software „Autodesk Raster Design" ist zudem eine gezielte Vektorisierung alter Pläne während des Kartiervorganges möglich.

2.1 Datenerfassung

Die Datenerfassung kann an unterschiedliche Genauigkeitsstufen angepasst werden, wie sie z. B. im WTA Merkblatt 3-10-97 „Zustands- und Materialkataster für Natursteinbauwerke" definiert sind.
Beispiel für einen Kartierungsablauf (Genauigkeitsstufe 3):
- Kartierung der Materialien,
- Kartierung der Verluste,
- Kartierung von Belägen aus Fremdstoffen,
- Kartierung des akuten Schadensbildes,
- Festlegung der Maßnahmen.

Bei der Anwendung in der Natursteinrestaurierung werden zunächst die Werksteinflächen definiert. Hierzu wird der Steinumrandung in der Zeichnung ein Datensatz zugeordnet, der die steinblockbezogenen Merkmale enthält (Steinsorte, Oberflächenbearbeitung, ...) (Abb. 2).
Als nächstes werden die auf Teilflächen innerhalb des Steines beschränkten Merkmale kartiert (Substanzverlust, akutes Schadensbild, ...). Als Linienmerkmale werden im Anschluss z. B. Risse eingezeichnet bzw. zugeordnet. Treffen bei der Instandsetzung mehrere flächenbezogene Maßnahmen zusammen bietet es sich an, den Maßnahmenplan mit Symbolen darzustellen. Hierbei genügt die Ablage der Maßnahmensignatur innerhalb der Steinfläche, um die verschiedenen Symbole angeordnet darzustellen und dem Stein zuzuordnen. Die Erfassungsstruktur kann aber auch so eingerichtet werden, dass jedem Schaden eine zugehörige Maßnahme zugeordnet wird.

2.2 Visualisierung

Die Visualisierung erfolgt über eine komfortable Oberfläche zur Definition von Farbe, Schraffurmuster und Linientyp. Zudem können auch Zeichnungsobjekte und Symbole zur Darstellung verwendet werden. Es ist möglich die Visualisierungen auf frei wählbare Zeichnungslayer zu legen, so dass über die AutoCAD Layoutverwaltung verschiedene Pläne gleichzeitig dargestellt und ausgegeben werden können.
Bei der Erstellung der Legende können die Texte frei gewählt werden, zudem erfolgen auch hier schon einfache Massenberechnungen. Weiterhin können in der Legende alle Werte ausgeblendet werden, die in der betreffenden Zeichnung nicht vorkommen. Somit ist es möglich mit sehr universellen Erfassungsstrukturen zu arbeiten.

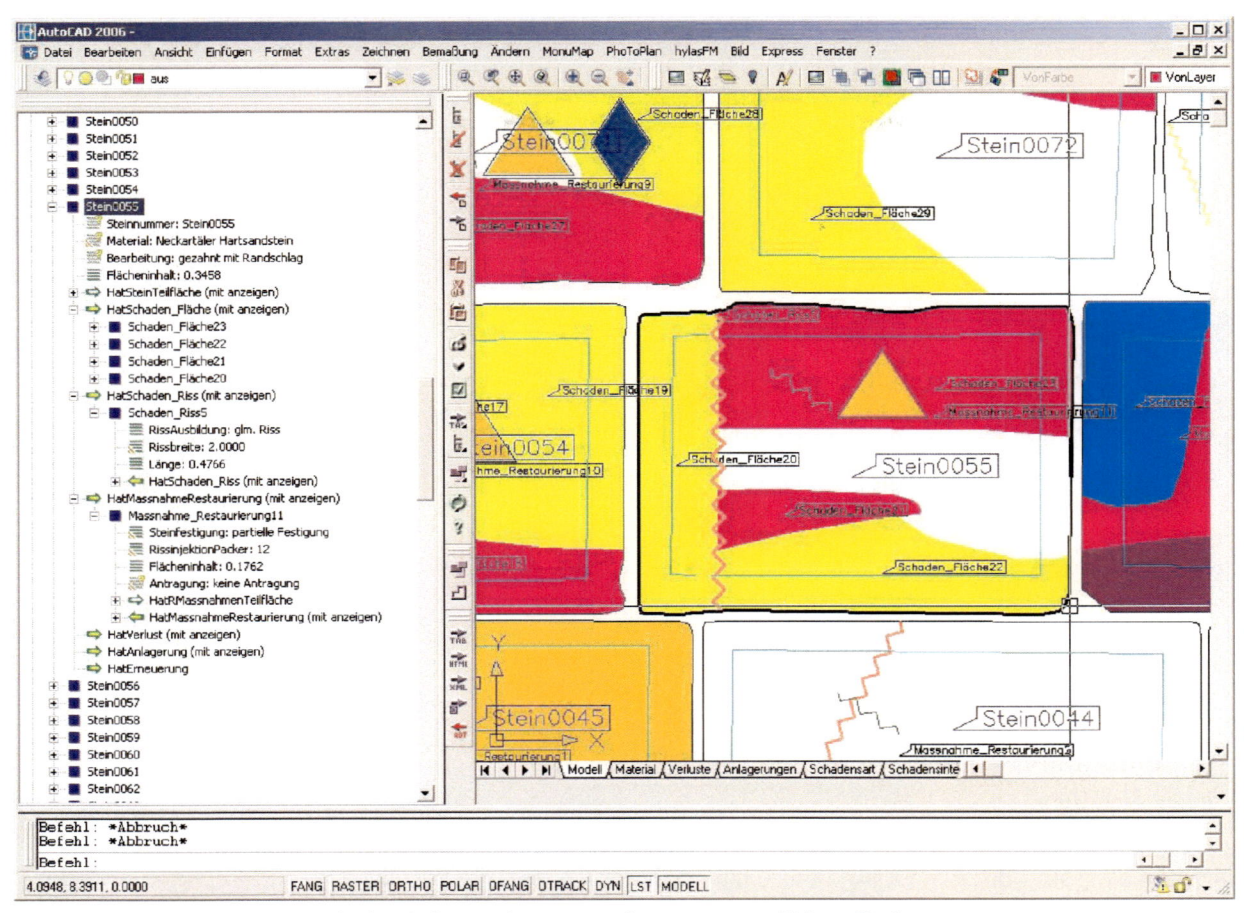

Abb. 1: Kartierungsbaum mit den Informationen zu einem ausgewählten Stein.

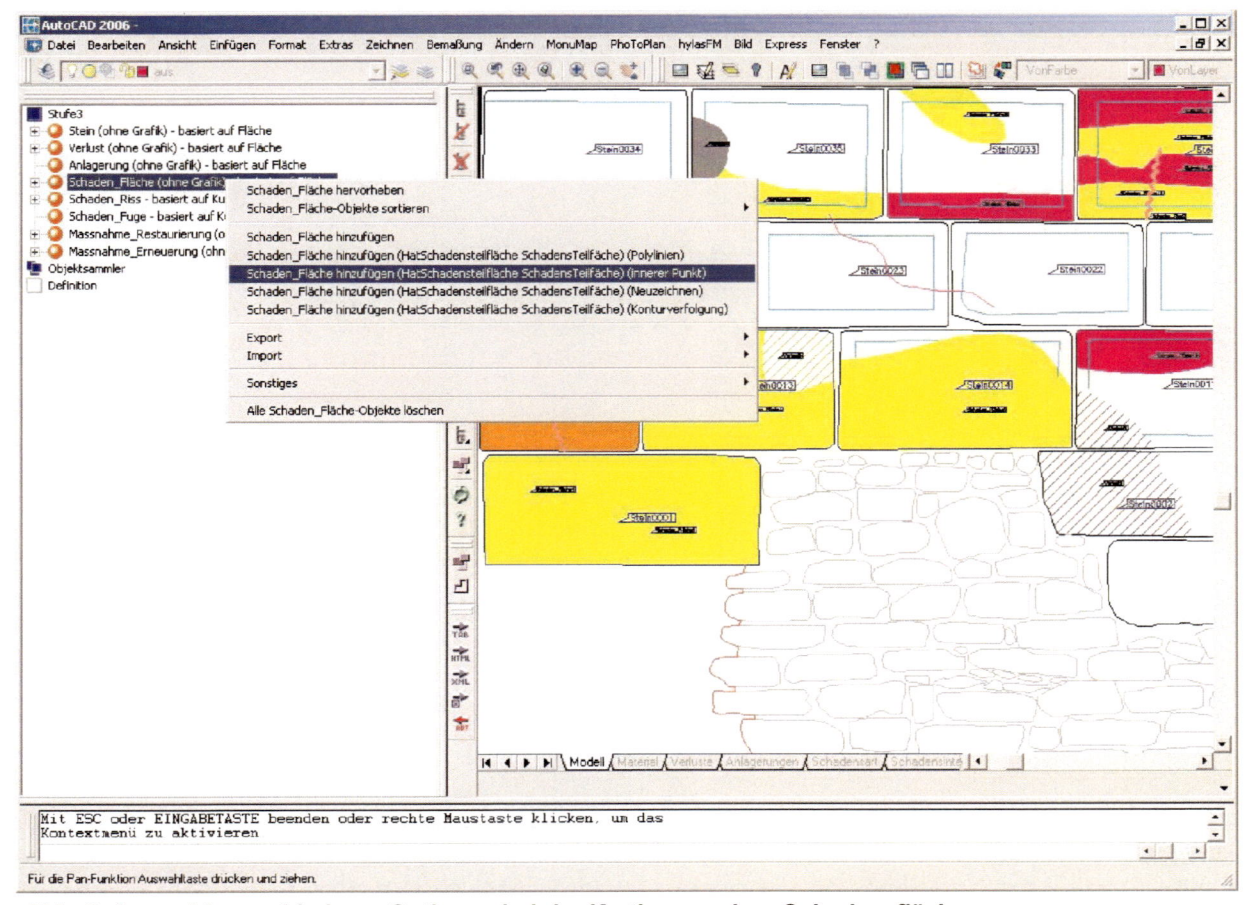

Abb. 2: Auswahl verschiedener Optionen bei der Kartierung einer Schadensfläche.

2.3 Datenausgabe

Die Datenausgabe geschieht über Dateiformate, die in Tabellenkalkulationen wie z. B. Excel eingelesen werden können. Hierbei können die Kartierungsthemen und die Zuordnungen getrennt werden.

3. Zusammenfassung

Die Kartierung mit einer intelligenten Software, die Werte und Texte untereinander und mit Zeichnungselementen verknüpft, eröffnet die Möglichkeit am Bildschirm auf sämtliche Informationen zuzugreifen, die dem betreffenden Objekt zugeordnet sind. Dies sind zunächst rein geometrische Daten wie Länge oder Fläche, die automatisch errechnet werden. Hinzu kommen Befunde, die aus einer Liste ausgewählt oder frei formuliert worden sind. Auch auf Bilddaten, Detailzeichnungen, Aufmassskizzen etc. kann aus der Anwendung heraus direkt zugegriffen werden. Somit ist die jetzige Bestandsaufnahme nicht nur die Momentaufnahme eines Zustandes, sie ist auch Basis für eine dynamische Fortschreibung durch Ergänzung an einem zentralen Ort und in frei definierbarer und erweiterbarer Umgebung. Mit einem frei übertragbaren Viewer sind sämtliche Daten einsehbar und alle Pläne auszudrucken, die Kartierung kann aber nicht bearbeitet werden.
Das Kartierungsprogramm MonuMap arbeitet auch mit AutoCAD LT zusammen. Mit dieser 2-D Auskopplung aus AutoCAD sind die meist zweidimensional angelegten Kartierungszeichnungen gut und wirtschaftlich günstig zu bearbeiten.

Hochzeitshaus Hameln: Ertüchtigung und Sicherung eines Gebäudes der Weserrenaissance

von Ulrich Huster

Der Umbau des Hochzeitshauses in Hameln zum Zentrum der Erlebniswelt Renaissance® erfordert Instandsetzungen und statische Ertüchtigungen am Natursteinmauerwerk der Fassade. An ausgewählten Beispielen wird über die Notwendigkeit von Bestandsuntersuchungen, die Wichtigkeit von bestandsorientierten Entwurfsideen und die erforderlichen Ertüchtigungsmaßnahmen berichtet. Dabei steht die Grundidee der Ertüchtigungen im Bestand im Mittelpunkt: Statische Einbezug der vorhandenen Konstruktion.

1. Einleitung

Das Hochzeithaus in Hameln gehört zu den bedeutendsten Gebäuden der Weserrenaissance [1]. Von dem etwa 1610–1617 erbauten Gebäude sind weitgehend original die Umfassungswände und der Gewölbekeller erhalten. Das Gebäude ist ca. 42 m lang und 15 m breit. Es beherbergt drei Voll- und zwei Dachgeschosse. Die innere tragende Konstruktion und die Dachkonstruktion sind nach der Entkernung von 1931 als Stahlskelettbau errichtet.

Für eine neue Nutzung als Zentrum der Erlebniswelt Renaissance® ist die innere Tragkonstruktion nicht verwendbar. Es wird eine neue Konstruktion vorgesehen. Die Umfassungswände, und dabei vor allem die südliche Längswand und der Ostgiebelwand, erhalten dabei geänderte Belastungen und neue statische Systeme.

Der Architektenentwurf sieht vor, einen 30 m langen Abschnitt der südlichen Längswand und die östliche Giebelwand in der gesamten Fläche über die Geschosse mit wenigen Deckenanbindungen an der Mauerkrone freizustellen. Die starke Gliederung des Mauerwerks erlaubt nicht überall einen eindeutigen vertikalen Lastabtrag.

Das ursprünglich mit der Tragwerksplanung für den inneren Neubau und die Ertüchtigung des historischen Bestandes beauftragte Ingenieurbüro konnte die Standsicherheit der zukünftig freistehenden Wände nicht nachweisen. Zwei Ertüchtigungsvorschläge zur Wandaussteifung fanden keine Zustimmung. Die erste Variante sah in die Wand eingeschlitzte Stahlbetonstützen vor. Die zweite Variante eine vorgestellte Stahlbetonwand.

Die Denkmalpflege war von beiden Varianten nicht überzeugt, weil sie große Eingriffe in den Bestand bedeutet hätten, auch in Zusammenhang mit der Gründung.

Daraufhin erfolgte unsere Beauftragung für ein Gutachten mit denkmalgerechten Lösungen für die zukünftig freistehenden Wände. Die anderen Wandabschnitte waren ausdrücklich nicht im Auftragsumfang enthalten. Zu diesem Zeitpunkt war der Entwurf schon endgültig festgelegt.

2. Mauerwerksuntersuchungen
2.1 Bestands- und Schadensuntersuchungen

Für die zukünftig freistehende Südwand und den Ostgiebel lagen Innen- und Außenansichten in der Genauigkeitsstufe 1 vor. Während das Werksteinmauerwerk der Außenfassade eindeutig als hochwertiges Quadermauerwerk mit typischen Zierelementen der Weserrenaissance eingeordnet werden konnte, war das Mauerwerk der Innenschicht von einem dicken Zementputz verdeckt. Untersuchungen über Putzfenster und Endoskopie offenbarten eine schlechtere Mauerwerksqualität. Das untersuchte Mauerwerk ist in schmalen Pfeilerbereichen zweischichtig, in mehr wandartigen Abschnitten dreischichtig aufgebaut. Die äußeren Werksteinquader sind helle und hochfeste Obernkirchner Sandsteine, in den inneren Schichten sind auch andere Natursteine und Ziegel verbaut.

Die Innenschicht (d ≈ 34–116 cm) lässt sich als unregelmäßiges Schichtenmauerwerk mit teilweise großen Steinabmessungen kennzeichnen. Die Fugenstärken liegen im Mittel zwischen 2 und 3 cm. Größere Fugenhöhen an den Mauerwerksoberflächen sind kraftschlüssig ausgezwickelt.

Die Außenschicht besteht aus Werksteinen (d ≈ 20–26 cm), die steinmetzmäßig bearbeitet sind. Das Quadermauerwerk zeichnet sich durch Pressfugen aus. Zwischen beiden Schichten konnte kein ausgeprägter Mauerwerksverband festgestellt werden. Bei den Endoskopieuntersuchungen konnten

Abb.1: Süd-West-Ansicht.

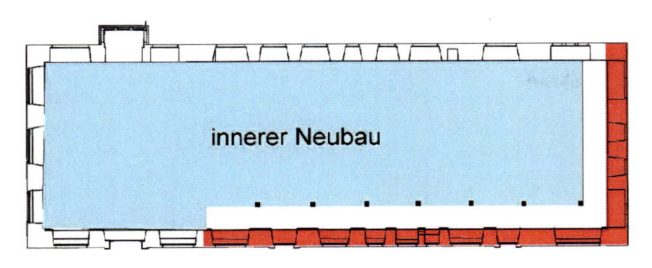

Abb. 2: Grundriss mit Darstellung des inneren Neubaus.

freistehende Südwand
l ≈ 30 m, h ≈ 12 m/16 m

Freistehender Ostgiebel
l ≈ 15 m, h ≈ 20 m

insgesamt nur drei Bindersteine lokalisiert werden. Die Vertikalfuge zwischen Innen- und Außenschicht ist größtenteils mit Mörtel und Zwickelsteinen geschlossen.

An dem Ostgiebel wurden Hohlräume in der Vertikalfuge zwischen äußerer und innerer Schale festgestellt. Ein im Natursteinmauerwerk verborgener Kaminzug aus Ziegelsteinen konnte durch die Endoskopie lokalisiert werden. Er gehört zu der Ursprungskonstruktion, da die Wangen des Kaminzuges in mitten der Natursteinwand eingebettet sind.

Die vom Putz freigelegten Bögen über den Fensteröffnungen bestehen aus Ziegelmauerwerk. Die Abmessungen der Ziegel variieren stark, die Anschlüsse an das Natursteinmauerwerk sind nicht nachträglich, so dass diese Konstruktion aus der Bauzeit stammt.

Das Kellergeschoss wird größtenteils von Sandsteintonnengewölben überdeckt, die jeweils von Außenlängswand zur mittleren Kellerlängswand spannen. Im Kämpferbereich besteht das Gewölbe aus sieben Schichten Ziegelmauerwerk. Die Ziegelabmessungen liegen im Mittel bei 26 cm x 8 cm x 12 cm.

Am Mauerwerk der Innenschicht wurden keine gravierenden Mängel festgestellt. Es gibt nicht ausreichend geschlossene Lagerfugen, offene Fugen in den Ziegelbögen und im Natursteinmauerwerk sowie zermürbte Ziegelsteine in den hoch beanspruchten Kämpferbereichen der Ziegelbögen. Die Vertikalfuge zwischen der Innen- und Außenschicht ist größtenteils ausgezwickelt, vereinzelt mit Ziegelbruch.

Die Fassade ist lokal ausgebaucht. An einigen Stellen sind die Restaurierungen mit Steinergänzungsmasse aus 1985 schadhaft. Die Lotabweichungen der nach außen geneigten Wand liegen zwischen ca. 2 cm und 4 cm.

Abb. 3: Ertüchtigungsvariante 1 der freistehenden Südwand: eingeschlitzte (!) Stahlbetonstützen.

Abb. 4: Ertüchtigungsvariante 2 der freistehenden Südwand: vorgestellte Stahlbetonwand.

Abb. 5: Prinzipdarstellung bewehrtes Mauerwerk der Südwand.

2.2 Rechnerische Untersuchungen

Für die Innenschicht des Außenmauerwerkes werden mit den Annahmen Mörtelgruppe I und der Druckfestigkeit des Obernkirchner Sandsteines von 96 MN/m² [2] die zulässige Druckfestigkeit abgeschätzt. Es werden, modifiziert, die Berechnungsverfahren nach Berndt [3] mit der Erweiterung nach Huster [4] sowie eingeführte technische Baubestimmungen verwendet.

Durch die Entkernung ist die Wand entlastet und verliert alle früheren horizontalen Deckenaussteifungen. Sie wird, neben ihrem Eigengewicht, durch hohe Einzellasten aus dem Dachgeschoss, durch Wind auf die Fassade und Gewölbeschub beansprucht.

Eine überschlägige Voruntersuchung mit einfachen Lastabtragungsmodellen zeigte, dass die Spannungskonzentrationen an Stellen mit Lastumlenkungen und Einschnürungen nicht ausreichend genau zu erfassen sind. Für die Ermittlung genauerer Spannungsverläufe wurde deshalb ein FE-Modell gewählt. Es entstehen Lastkonzentrationen besonders in Bereichen mit schmalen Pfeilern und bei Lastumlenkungen. Dort treten Zugbeanspruchungen auf, die das Mauerwerk nicht abtragen kann. Zusätzlich tritt in den Sturzbereichen horizontale Biegung auf. Ebenfalls eine Beanspruchung, die Mauerwerk nur eingeschränkt abtragen kann.

Für eine ausreichende Standsicherheit und Risssicherheit wurde eine Ertüchtigung notwendig. Aufgrund der örtlichen und rechnerischen Untersuchungen konnten verschiedene Ertüchtigungsvarianten entwickelt werden.

3. Statische Ertüchtigungen der freistehenden Wände

Wir haben uns für bewehrtes Mauerwerk entschieden. Unsere Grundidee beim Bauen im Bestand ist, die vorhandenen Materialien und Konstruktionen statisch auszunutzen und mit zu verwenden. Hier bedeutet dies, dem Mauerwerk die Aufgaben, die es selbst bewältigen kann, zu überlassen und nur für die Beanspruchungen zu ertüchtigen, die es nicht kann. Also wird das Mauerwerk für den Abtrag der Druckspannungen ausgenutzt. Für die Aufnahme von Zugspannungen erhält es Bewehrungsstäbe.

Der vertikale Lastabtrag wird wie vorher auch über das Mauerwerk erfolgen.

Die Mauerwerkspfeiler werden je Geschoss einmal in der Wandachse bewehrt und über reversible Betonbalken, in den Fensternischen miteinander verbunden. Die horizontalen Zugspannungen können nun ebenso übertragen werden wie die Biegung in den Bereichen der Fensterstürze.

Das Ausnutzen der Fensternischen führte zu kurzen trockenen Kernbohrungen im Mauerwerk, die mit kleinem Gerät ausgeführt werden konnten und deshalb vergleichsweise kostengünstig waren. Die Fensternischen bieten zudem auch Raum für erforderliche Bewehrungsstöße.

Die Ertüchtigung wurde so geplant, dass sie vor dem Abriss der aussteifenden Decken ausgeführt werden konnte. In Abbildung 6 ist die fertig gestellte Ertüchtigung vor dem Abbruch der vorhandenen Bestandsdecken dargestellt. Die Ertüchtigung ist wirksam und auf eine aufwendige Montagesicherung der Wände und eine Einrüstung konnte verzichtet werden.

Die Lösung war, auch aus diesem Grund, deutlich kostengünstiger als die ersten Vorschläge der ortsansässigen Planer.

Neben der Mauerwerksbewehrung wurden an besonders geschädigten Abschnitten lokal auch Mauerwerksverbesserungen, Vernadelungen und Ertüchtigungen von Fenstergewölben erforderlich.

Abb. 6: Fertiggestellte Mauerwerksbewehrung.

4. Weitere Entwurfskonsequenzen
4.1 Beanspruchung des Kellergewölbes

In Abbildung 7 ist ein Gebäudequerschnitt mit Blickrichtung freistehender Ostgiebel dargestellt, um eine zweite Problematik des Entwurfs zu verdeutlichen. Die Außenachse des Neubaus liegt direkt über dem Kellergewölbe. Einzellasten aus drei Geschossen Museumsnutzung werden über hochfeste Stahlbetonverbundstützen unsymmetrisch auf das Gewölbe abgelastet. Dies ist für ein Tonnengewölbe eine extrem ungünstige Beanspruchung. Wir haben die Gewölbe erkundet, rechnerische Nachweise geführt und Ertüchtigungen bzw. Zusatzkonstruktionen vorgeschlagen. Ausgeführt wurde die kostengünstigste, aber denkmalpflegerisch unbefriedigenste Lösung. Die Stützen wurden durch das Gewölbe geführt.

4.2 Globale Entlastung kann lokal belasten

Kurz vor Abschluss der statischen Ertüchtigungen an den zukünftig freistehenden Wänden wurden wir zur Beurteilung neu entstandener Schäden erneut konsultiert. Während des inneren Abbruchs entstanden an der Werksteinfassade neue Risse und Abplatzungen.

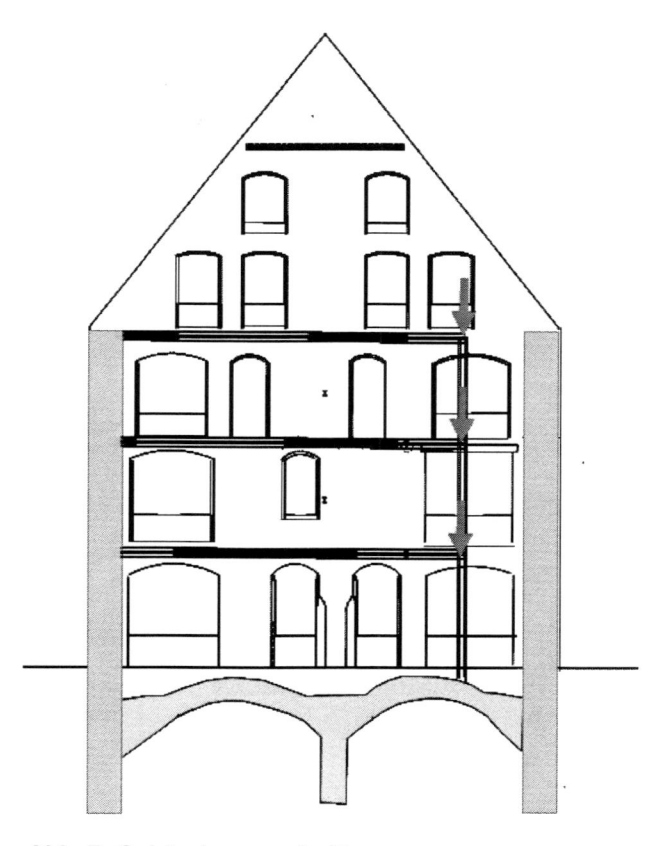

Abb. 7: Gebäudequerschnitt.

Die Rissursache konnte auf die globale Entlastung des Gebäudes zurückgeführt werden. Durch den Abbruch der Decken, die das Fassadenmauerwerk exzentrisch belasteten, wurden die vorher an der Wandaussenkante vorhandenen und überdrückten Zugspannungen entfernt. Als Folge erhöhten sich dort die Druckspannungen um ca. 10 %. Aber diese vergleichsweise geringe Steigerung der Druckspannungen führte zum Abreißen der steifen und spröden epoxydharzgebundenen Steinergänzungen. Diese waren 1985 eingebaut wurden, als ehemals flächenbündig Fenster ausgebaut und durch neue, zurückgesetzte, ersetzt wurden. Bei dem erforderlichen Deckenabbruch war dieses Schadensbild unvermeidlich. Der Schaden zeigt deutlich die Notwendigkeit, bestandsangepasste Materialien in der Instandsetzung zu verwenden, um ungewollte spätere Schadensmechanismen zu verhindern.

In dieser Zeit wurde unser Auftrag für die Fassade erweitert. Die Auftragserweiterung umfasste alle Leistungen der Tragwerksplanung und auf ausdrücklichen Wunsch der Bauherren und in Absprache mit den beauftragten Architekten zusätzlich die Leistungsphasen Ausschreibung, Vergabe und Bauleitung nach § 16 der HOAI.

Dabei haben wir baubegleitend Kostenkontrollen durchgeführt sowie die Einhaltung des Zeitplanes durchgesetzt.

Abb. 8: Abrisse von Steinergänzungen an der Werksteinfassade.

5. Gefährdung der Verkehrssicherheit durch Schäden an der Fassade

Bei der Fassadenrestaurierung 1985 wurden Ergänzungen an Steinen, an Kerbschnitttafeln und an anderen Zierelementen durchgeführt. Daneben wurden die horizontal umlaufenden Gesimsbänder mit einer Epoxydharzmörtelabdeckung bzw. Silikonschicht belegt, um eine Wasserführung zu gewährleisten. In Abbildung 9 ist beispielhaft eine aufgescherbelte Kerbschnitttafel dargestellt, deren Absturz unmittelbar bevor stand. In weiten Bereichen war auch die Abdeckung auf den Gesimsbändern gerissen und vom Untergrund gelöst. Neben der Absturzgefahr konnte sie in diesem Zustand auch ihre eigentliche Aufgabe, die Behinderung von in das Mauerwerk eindringendem Wasser nicht mehr wahrnehmen. Weitere Schäden an den Fassaden waren Risse, Ausbauchungen und offene Fugen.

Für die Verkehrssicherheit und Dauerhaftigkeit der Fassade haben wir ein gestuftes Instandsetzungskonzept entwickelt. In einer Bewertungsmatrix gingen die Verkehrssicherheit und Dauerhaftigkeit, die Nachhaltigkeit und finanziellen Möglichkeiten ein. Gemeinsam mit dem Bauherren und der Denkmalpflege wurden der Umfang und die Qualität der ausgeführten Instandsetzungsarbeiten abgestimmt. Für die Auswahl der verwendeten Materialien wurden von externen Gutachtern Materialkonzepte erarbeitet.

6. Neue Überraschung – erneute Auftragserweiterung

Eine konstruktive Bestands- und Schadensaufnahme für die zukünftig **nicht** freistehenden Abschnitte des Natursteinmauerwerks war bisher nicht erfolgt. Die Notwendigkeit für Untersuchungen an Wandabschnitten, deren Belastung und System sich trotz Entkernung und anschließenden inneren Neubaus nicht wesentlich ändert, konnten wir im Vorfeld bedauerlicherweise nicht durchsetzen. Diese Wandabschnitte lagen bis dahin auch nicht in unserer Planungsverantwortlichkeit.
Während des Deckenabbruches am Westgiebel ist folgende Situation deutlich geworden. Ein hoch beanspruchter Mauerwerkspfeiler der Fassade steht auf einem nur 11,5 cm dicken Fenstergewölbe. Auf der Baustelle wurde die ganze Dramatik klar. Die Fenster ließen sich nicht mehr öffnen. An der nach Teilabbruch freistehenden Fassade kam es außen zu Kantenabplatzungen. Steinstücke fielen auf den Wochenmarkt.
Wir haben sofort mit einer Notsicherung reagiert. Das unter dem Bogen liegende Fenster wurde ausgemauert. Natürlich eine Lösung, die als Ertüchtigung nicht befriedigend ist, aber eine Notsicherung, die, weil das Material vorhanden war, umgehend realisiert werden konnte.

Die Notsicherung war so geplant, dass sie gleichzeitig eine Funktion als Montagesicherung zum Einbau der endgültigen Ertüchtigung wahrnehmen konnte. Nachdem der innere Neubau in diesem Bereich fertig gestellt war, die Fassade also wieder ihre horizontale Aussteifung erhielt, konnte die endgültige Sicherung eingebaut werden. Durch den Pfeiler wurde ein horizontales Zugband geführt und in den Fensternischen verankert. Dadurch kann sich im Pfeiler eine Bogen-Wirkung einstellen und den darunter liegende Ziegelbogen wirksam entlasten. Wieder wird das Prinzip „Statische Mitverwendung der vorhandene Konstruktion" angewandt (Abb.10–12).

Bei der anschließenden Auftragserweiterung, nun für das gesamte Natursteinmauerwerk des Hochzeitshauses, konnten wir noch baubegleitend konstruktive Bestands- und Schadensuntersuchungen vornehmen und ähnliche Situationen vermeiden. Zusätzlicher Ertüchtigungsbedarf ist deutlich geworden. Restarbeiten wurden im Herbst 2005 zur vollsten Zufriedenheit der Bauherrschaft abgeschlossen. Der Besucher kann sich von der Erlebniswelt Renaissance® gefangen nehmen lassen und muss sich um seine oder die Sicherheit des Gebäudes keine Sorgen machen.

7. Zusammenfassung

Die Instandsetzung und Ertüchtigung des Natursteinmauerwerkes des Hochzeitshauses in Hameln wurde im Zusammenhang mit dem Umbau zum Zentrum der Erlebniswelt Renaissance® notwendig. Offensichtliche standsicherheitsrelevante Fragestellungen bezüglich zukünftig freistehender hoher Fassadenabschnitte führten zu der Einbeziehung unseres Büros. Zu diesem Zeitpunkt war der Entwurf des inneren Neubaus bereits abgeschlossen. Der Entwurf hatte verschiedenen Ertüchtigungsbedarf am historischen Natursteinmauerwerk zur Folge. Die vorliegenden Bestandsuntersuchungen waren nicht in der notwendigen Tiefe erfolgt, so dass während der Baumaßnahme weitere Untersuchungen, die eigentlich in die Vorplanungsphase gehören, durchgeführt wurden. Dabei erfolgte unsere Beauftragung sukzessiv. Aus der anfänglichen Beurteilung ausschließlich der zukünftig freistehenden Wände wuchs unsere Planungsverantwortlichkeit für den gesamten historischen Mauerwerksbestand. Für die Mauerwerksertüchtigung konnten intelligente Lösungen entwickelt und ausgeführt werden, die dem Prinzip vom Ausnutzen der Bestandkonstruktionen folgen.

Abb. 9: Aufgescherbelte Kerbschnitttafel.

Abb. 10: Mauerwerkspfeiler auf dünnem Ziegelgewölbe.

Abb. 11: Bogen-Zugband-Modell.

Abb. 12: Fertiggestellte Ertüchtigung mit wiederhergestelltem Fenster.

Literatur

[1] Elbert, W. und Wolf, A.: Geschichte der Baukonstruktion. In: Naturwerkstein in der Denkmalpflege. Ulm: Ebner Verlag, 1988, S.61–206.

[2] Alfes, C.: Spannungs-Dehnungsverhalten, Schwinden und Kriechen von Sandsteinen. In: Jahresberichte Steinzerfall – Steinkonservierung 1992. Berlin: Ernst & Sohn, 1994.

[3] Berndt, E.: Zur Druck- und Schubfestigkeit von Mauerwerk – experimentell nachgewiesen an Strukturen aus Elbesandstein. In: Bautechnik 73 (1996) Heft 4. Berlin: Ernst &Sohn , S.222–234.

[4] Huster, U.: Tragverhalten von einschaligem Natursteinmauerwerk unter zentrischer Druckbeanspruchung. Kassel: kassel university press GmbH, 2000.

Abbildungen

Titelbild: EWR PE GmbH, Hameln
Abb. 3 u. Abb. 4: m.a.k.-Gruppe, Overath
alle anderen Abb.: Haberland + Archinal + Zimmermann HAZ, Kassel

Projektbeteiligte

Bauherren: EWR PE GmbH, Hameln
Stadt Hameln
Entwurf: m.a.k-Gruppe, Overath
Natursteinmauerwerk: Tragwerksplanung und Bauleitung:
Haberland+Archinal+Zimmermann, Kassel
Bauausführung: Baugesellschaft Otto Hauch mbH, Coburg

Die Restaurierungsarbeiten am Breisacher Münster

von Otto Wölbert

Mit seiner erhöhten Lage auf einer Felsscholle ist das Breisacher Münster von weitem zu sehen und prägt die Landschaft im Breisgau. Schon im 12. Jahrhundert fingen die Breisacher an, ihre große Kirche zu bauen. Ende des 15. Jahrhunderts war es relativ fertig; natürlich wurde und wird aber immer weiter daran gebaut. Wegen seiner einzigartigen Baukunst und der wertvollen Ausstattung wie dem Hochaltar ist das Münster weltbekannt.

In der Geschichte des Breisacher Münsters hat es bereits viele Instandsetzungen gegeben. Die letzte erfolgte in den 50er Jahren nach der gravierenden Schädigung durch die Kriegseinwirkungen (u. a. Einschüsse und Treffer durch Granaten). Die jetzt begonnene Restaurierungskampagne reagiert nun auf den natürlichen Zerfall des Baumaterials. Das Breisacher Münster ist aus verschiedenen Natursteinmaterialien errichtet. So kamen Steine aus den Vogesen, der Pfalz und aus dem Schwarzwald. Das markanteste Material jedoch kam vom Kaiserstuhl, der so genannte „Kaiserstühler Tuff". Weithin sichtbar prägt dieses Vulkangestein das Aussehen des Münsters. Vor allem im Chorbereich ist dies heute noch eindrucksvoll nachzuvollziehen. Andere Teile des Münsters sind bereits mit unterschiedlichsten Materialien repariert worden. Gerade aber die Verwendung des Kaiserstühler Tuffs gibt dem Münster ein unverwechselbares Aussehen. Dieses zu erhalten ist Ziel der jetzt begonnenen Kampagne. Sie begann bereits Ende der 80er Jahre mit der Erneuerung einiger Aufsätze an den Chorpfeilern. Damals wurde in Ermangelung eines Tuff-Ersatzgesteins roter Buntsandstein verwendet (Abb. 1, 2).

Das Fehlen eines Ersatzgesteins und die denkmalpflegerische Zielsetzung, die den Erhalt (auch des Aussehens) des Münsters vorsieht, führten auch zu neuen naturwissenschaftlichen Untersuchungen des vulkanischen Gesteins. Ziel war es zum einen, das Verwitterungsverhalten des Gesteins zu erforschen und zum anderen Wege zu finden, dieses durch Konservierungsmaßnahmen zu erhalten.

Dem Landesdenkmalamt gelang es, das Breisacher Münster als ein Pilotobjekt (insgesamt waren es in Baden-Württemberg fünf Objekte) in das damals neu initiierte, bundesweite BMFT-Forschungsvorhaben „Steinzerfall-Steinkonservierung" einzubringen. Unter der Leitung des Landesdenkmalamtes und der Materialprüfanstalt Stuttgart erforschten Wissenschaftler der verschiedensten Fachrichtungen aus dem gesamten Bundesgebiet das verbaute Gestein und die unterschiedlichsten Schädigungen. Dies alles diente dem Ziel, den Bestand des Münsters zu sichern.

Nachdem auf vielfältige Weise die Ursachen des Zerfalls und die physikalischen Eigenschaften des Gesteins untersucht waren, wurden zum einen Konservierungsmethoden erprobt und zum anderen Ersatzgestein für bereits gravierend geschädigte Bereiche gesucht.

Die Konservierungsversuche mündeten in den Versuchen an dem Sakristeipfeiler mit der Anlage von Schlämmmustern, die diesen vor dem weiteren Verfall schützen sollten. (Sie sind heute noch vorhanden. Die technische Wirkung scheint trotz Bewitterung von nunmehr mehreren Jahren zu funktionieren). Reine Konservierungsversuche mit dem Einbringen von Festigern in das Material scheiterten jedoch. Es wurden Versuche mit allen am Markt befindlichen Konservierungsmitteln vorgenommen. Teils scheiterten sie an der mangelnden Eindringtiefe, teils reichte das Klebevermögen des Konservierungsstoffes nicht aus, um die auseinander fallenden Partikel des Gesteins zu halten.

Auch die Suche nach dem Ersatzgestein für den Kaiserstühler Tuff gestaltete sich äußerst schwierig. Mit Hilfe des geologischen Landesamtes fand man zwar die noch existierenden, jedoch seit Jahrzehnten nicht mehr genutzten Steinbrüche. Die meisten davon liegen mittlerweile in Naturschutzgebieten, die eine intensive Neunutzung nicht zulassen. Darüber hinaus war es unerlässlich, noch vorhandene Gesteine auf eine mögliche Nutzung als Ersatzgestein zu untersuchen. Aus diesem Grund wurden mehrere Steinbrüche beprobt, die Gesteine von der Materialprüfanstalt Stuttgart getestet und mit denen am Münster verbauten verglichen. Bei der Probeentnahme wurde zudem die zu erwartende Ergiebigkeit des Steinvorkommens von den Geologen des Geologischen Landesamtes Baden-Württemberg untersucht. Von der Gemeinde, dem erzbischöflichen Bauamt und dem Landesdenkmalamt wurde zudem die optische Übereinstimmung des Ersatzmaterials verlangt.

Abb. 1: Detail, Sakristei-Ostwand.

Abb. 2: Die verbauten Steinmaterialien im Bereich der Sakristei.

Nach der Wiedervereinigung Deutschlands kam das Forschungsvorhaben auch am Münster in Breisach durch die politisch gewollte Verlagerung der Forschungsschwerpunkte ins Stocken, sodass die Bemühungen um eine Instandsetzung wieder allein den baden-württembergischen Experten zufielen. Zusammen mit der Kirchengemeinde Breisach, dem erzbischöflichen Bauamt Freiburg, dem geologischen Landesamt Freiburg, der Materialprüfanstalt Stuttgart und dem Landesdenkmalamt gelang es schließlich das optimale Ersatzgestein zu finden und den Abbau zu initiieren, sodass in diesem Jahr mit den Ausbesserungsarbeiten am Münster endlich begonnen werden konnte.

Arbeiten der Münsterbauhütte im 21. Jahrhundert

von Ingrid Rommel

Schwerpunkt der Denkmalpflege am Ulmer Münster ist seit einigen Jahren der südliche Chorturm. Steinmetzarbeiten und Steinrestauration erfolgen hier nebeneinander. Sowohl für den Steinaustausch als auch für verschiedene Techniken der Steinkonservierung waren Voruntersuchungen und Entwicklungsarbeiten notwendig. So wurde für den Steinaustausch ein spezieller Mörtel nach historischen Vorbildern entwickelt. Das ausgewählte Entsalzungsverfahren wurde dem Zustand der belasteten Steinsubstanz entsprechend angepasst. Für die Konservierungsarbeiten am Stein wurde eine besondere Steinschutzschlämme entwickelt, die im Vorfeld gründlich auf ihre Witterungsbeständigkeit getestet wurde.
Diesen Arbeiten ging eine gründliche Schadenskartierung voraus, die eine sorgfältige Planung der Restaurierungsmaßnahme erlaubte.

1. Einleitung

Wie andere Großkirchen auch ist das Ulmer Münster – so wie wir es heute vor uns sehen – nicht in einem Zug und nicht in einer Epoche entstanden. Von Baubeginn bis zur Fertigstellung liegen mehr als 500 Jahre. Mit dem Bau wurde 1377 begonnen und mit der Fertigstellung des Hauptturmes – des mit 161,53 m Höhe höchsten Kirchturms der Welt – wurde der Aufbau des Münsters erst im Jahr 1890 vollendet.

Daher haben wir es am Ulmer Münster mit verschiedenen Bauabschnitten zu tun, die sich nicht nur durch ihre Funktion im Gefüge des Bauwerks voneinander unterscheiden, sondern aufgrund ihrer unterschiedlichen Entstehungszeit auch nach der angewandten Bautechnik und dem eingesetzten Steinmaterial.

Entsprechend vielfältig sind die Aufgaben im Zusammenhang mit der Erhaltung und Restaurierung des Ulmer Münsters, wobei neben dem Baumaterial Naturstein auch andere Materialien im Wortsinn eine tragende Rolle spielen. So der Stahl, der am Münster für die Konstruktion der Dachstühle eingesetzt wurde. Auch der Glockenstuhl (erbaut 1897), der die Last von zehn Glocken zu tragen hat, besteht aus einer Stahlkonstruktion. Für den sanierungsbedürftigen Glockenstuhl läuft zur Zeit die Projektierung der notwendigen Restaurierungsmaßnahmen auf der Grundlage einer im Sommer 2004 erstellten Kartierung, wie sie in Baden-Württemberg erstmals an einer historischen Stahlkonstruktion dieser Größe erstellt wurde. Die Dokumentation hat Prof. Roßwag (FH Aalen) gemeinsam mit Dieter Blumer (Metallrestaurator der Restaurierungswerkstatt des RPS-LAD Esslingen) sowie dem studentischen Mitarbeiter Sascha Lübke erarbeitet.

Hinzu kommt die Bestandssicherung historischer Fenster, wo der Zustand der mittelalterlichen Glasscheiben sowie der Scheiben aus dem 19. Jahrhundert eine Restaurierung erforderlich macht. Nicht zuletzt sind vom Schreinermeister der Münsterbauhütte unter der Anleitung von Jochen Ansel (Restaurierungswerkstatt des RPS-LAD Esslingen) Objekte aus Holz wie zum Beispiel Windfänge, Portaltüren und Kirchenbänke behutsam zu restaurieren.

Unabhängig von der Art des zu restaurierenden Objektes und dem Material, mit dem wir es zu tun haben, ist unsere grundsätzliche Vorgehensweise bei der Restaurierung dieselbe. Zuerst wird eine

Abb. 1: Südlicher Chorturm (S-Chorturm): Turmhelm und Oktogonhalle vor Beginn der Restaurierung 1999 mit oberem und unterem Gerüst-Fangboden (links), Turmhelm nach Abschluss der Restaurierung und Abnahme des Gerüsts Anfang 2005 (rechts), Ansicht jeweils von Westen.

gründliche und dokumentierte Bestandsaufnahme erstellt, die als Grundlage für die Planung der restauratorischen Maßnahmen dient. Besteht Unsicherheit hinsichtlich der Ausführung und der einzusetzenden Materialien, werden mit einem angemessenen Aufwand Untersuchungen und Tests durchgeführt, um auf einer sicheren Grundlage entscheiden zu können. Dann erfolgt die Projektierung der Maßnahme. Bei der Durchführung der Maßnahme ist neben einer Qualitätssicherung und -kontrolle auch die Dokumentation der Arbeiten von großer Bedeutung, da nur so die Möglichkeit gegeben wird, künftig die Maßnahme nachvollziehen zu können und daraus zu lernen. Eine ständige und genaue Beobachtung des Bauwerks ist in diesem Zusammenhang wichtig, da Schäden am Bauwerk rechtzeitig erkannt werden müssen. Damit wird gewährleistet, dass der Aufwand der Maßnahme in Grenzen gehalten wird und Folgeschäden vermieden werden. Bei einer rechtzeitigen Erkennung der Schäden bleibt auch für eine sorgfältige Vorbereitung der restauratorischen Maßnahmen ausreichend Zeit, was für deren lang andauernden Erfolg eine wichtige Voraussetzung ist.

Der Naturstein spielt bei der Denkmalpflege am Ulmer Münster natürlich die Hauptrolle. Abgesehen von den Außenmauern, die man größtenteils aus Ziegelsteinen errichtet hat, wurden gerade die exponierten Teile des Bauwerks aus Naturstein errichtet.

Bei der Erhaltung des Natursteins am Ulmer Münster kommt ein breites Spektrum an Arbeitstechniken und Methoden zum Einsatz, die von Steinmetzen und Steinrestauratoren ihr gesamtes Repertoire abverlangt.

Hier liegen die Aufgaben der Münsterbauhütte, die neben den klassischen Steinmetzarbeiten am Münster auch zunehmend Arbeiten übernehmen muss, die früher hauptsächlich von Steinrestauratoren ausgeführt wurden. Dennoch müssen wir für spezielle restauratorische Aufgaben im Stein- und Wandbereich auch heute noch Restauratoren und andere externe Spezialisten und Experten heranziehen.

2. Restaurierungsmaßnahmen und -arbeiten am südlichen Chorturm

Während des strengen Winters 1996–97 kam es an der Oktogonhalle des südlichen Chorturms (Abb. 1) zu ersten alarmierenden Schäden. Einige der Rippen an der Oktogonhalle waren im Bereich der Ringanker an Stellen wieder gebrochen, die bereits 1968 gesichert werden mussten. Diese Schäden machten eine sofortige Überprüfung des südlichen Chorturms notwendig.

Zwischen 1997–99 wurden die vorbereitenden Maßnahmen für die umfangreiche Restaurierung des Chorturms durchgeführt, wozu die photogrammetrische Erfassung des Ist-Zustands, die Kartierung der verbauten Steinarten und Schäden, die Bauuntersuchung sowie die Entwicklung neuer Mörtel und Steinschutzschlämmen gehörten.

Mit den Ergebnissen der vorbereitenden Maßnahmen waren Art und Umfang der Restaurierung klar und eindeutig vorgegeben. Entsprechend dem Restaurierungskonzept ist vorgesehen, stark geschädigte Werksteine auszutauschen und weniger geschädigte Bereiche steinrestauratorisch zu bearbeiten.

Mit der Umsetzung der Maßnahmen wurde Anfang 2000 begonnen und sie werden voraussichtlich im Jahr 2010 abgeschlossen sein.

2.1 Steinreinigung

Bereits 1998, also bei den vorbereitenden Maßnahmen zum Projekt „Südlicher Chorturm", wurden von Frau Dr. Grassegger (MPA Stuttgart) erste Reinigungsversuche an verschmutzten Kalk- und Sandsteinoberflächen des Ulmer Münsters durchgeführt [1]. Dabei wurde die neu entwickelte Rotec-Vario-Wirbelstrahldüse der Firma Dr. Hartmann Kulba Chemie im Vergleich zu anderen Düsen getestet. Es lagen verschiedene Verschmutzungstypen neben- bzw. übereinander auf dem Kalk- und Sandstein vor – wie etwa feinkristalline Gipskrusten auf angelöstem Kalk, Staub neben Schmutzkrusten etc. –, die mit verschiedenen Strahlmitteln (Edelkorund, Kalzitmehl, Glaspudermehl, Steinpudermehl – hier Dolomit – unterschiedlicher Körnung 5–300 µm) im Trocken- und Nebelverfahren (Wasseranteil 1–12 Liter/Stunde) entfernt wurden. Zu den weiteren entscheidenden Parametern der Reinigungsprozedur gehören die Düsenköpfe (Piccolo-, Micro-, Macrodüse), der Düsenausgangsdruck, der Strahlkegel, der Gesamtabstand, die Verweildauer etc. und schließlich der gewünschte Reinigungsgrad.

Der optische Reinigungserfolg und die mikroskopischen Ergebnisse zeigten, dass sowohl die Kalkstein- als auch die Sandsteinoberflächen mit dem Nebelverfahren mit längerer Verweildauer zu reinigen sind und die Reinigung fortzuführen ist, bis auch die Kruste bzw. Patina makroskopisch entfernt ist.

Abb. 2: S-Chorturm: Steinreinigung im Inneren des Turmhelms Anfang 2000 (links), Innenansicht des Turmhelm nach Abschluß der Restaurierung Anfang 2005 (rechts).

Im Anschluss an die Versuche wurde im Jahr 2000 mit der Reinigung der Natursteinoberflächen am südlichen Chorturm begonnen (Abb. 2). Bis Ende 2005 hat die Fachfirma Gleussner neben dem Turmhelm und der Turmspitze auch die Oktogonhalle, die beiden Ziertürme an der Nordseite des Chorturmes und den Wendeltreppenturm an der Südostseite entsprechend den bemusterten Referenzflächen gereinigt.

Der Reinigungsabschnitt im Jahr 2003 umfasste beispielsweise vier Seiten der Oktogonhalle, wo die Durchführung der Steinreinigung an den Innen- und Außenseiten der Oktogonpfeiler aus Schlaitdorfer-Sandstein sowie der Fensterrippen, Gurte und Maßwerke aus Savonnières-Kalkstein erfolgte. Dieser Reinigungsabschnitt erstreckte sich von der Oberkante der Turmstube in ca. 36 m Höhe bis zur Unterkante des Gewölbes in ca. 58 m Höhe. Der Reinigungsumfang an den genannten Innen- und Außenflächen betrug ca. 600 m².

Die verschmutzten Oberflächen werden zunächst von biologischen Belägen wie Flechten, Algen und Moosen befreit, danach wurden Krusten aus Gips und Salz entfernt. Die Reinigung erfolgt mit dem Niederdruck-Wirbelstrahl-Verfahren. Für die Vor- und Hauptreinigung wird ein feines Glaspudermehl mit einer Körnung 90–250 µm verwendet, hingegen für die partielle Nachreinigung ein ultrafeines Glaspudermehl mit einer Körnung 80–180 µm.

2.2 Entwicklung und Anwendung neuer Guss- und Verpressmörtel

Bei dem Sanierungsprogramm „Südlicher Chorturm" werden stark geschädigte Werkstücke und Werkstückteile ausgetauscht. Teilweise handelt es sich dabei um relativ große Werkstücke, wovon einige statische Lasten aufnehmen müssen. Das neue Werkstück muss nach dem Entfernen des geschädigten Werksteins in die entstandene Öffnung im Verband geschoben werden. Es wird zunächst trocken versetzt in die richtige Position gebracht und mit Abstandhaltern fixiert, wobei die nur ca. 5 mm starken Fugen genau eingestellt werden.

Für die Sanierungsarbeiten am Chorturm sollten Mörtelmischungen eingesetzt werden, die historischen und bewährten Mörtelmischungen am Ulmer Münster entsprechen. In einer Testreihe mit verschiedenen dieser Mörtelmischungen, wurde geprüft, welche am besten für die schwierigen Versetzarbeiten geeignet sein würde [2]. Die Feineinstellung der Rezeptur erfolgte in erster Linie nach der Verarbeitbarkeit und dem Abbindeverhalten des Mörtels, wobei auch zu beachten war, die geforderte Endfestigkeit des Mörtels zu erreichen. Natürliche Quellstoffe verhindern das Schwinden beim Abbinden und Aushärten. Die Auswertung der Testreihe hat auch bestätigt, dass die Abbindezeit der Guss- und Verpressmörtel mit 21 Tagen in dem zu erwartenden Zeitrahmen liegen.

Abb. 3: *S-Chorturm, Turmhelm: Stützkonstruktion aus Spezialstützen (Fa. Peri), Bedienung der Hydraulikpresse (links), Stahlketten und Polyesterbänder (Fa. Wanner) zur zusätzlichen Sicherung, 2004 (rechts).*

Diese Tests wurden zum einen mit ausgebauten Werkstücken aus Stubensandstein im Hof der Münsterbauhütte durchgeführt, zum anderen auch anhand von Probekörpern im Labor der Firma Schwenk. Dabei wurden verschiedene Vorversuche durchgeführt, um das Fließverhalten und Abbinden des Mörtels zu optimieren. So wurde u. a. auf dem Oberlager eines ausgebauten Werkstücks aus Stubensandstein eine entsprechend große Glasplatte in einem Abstand von ca. 5 mm aufgelegt, was mit Hilfe von Abstandhaltern bewerkstelligt wurde. Mit dieser Versuchsanordnung ließ sich neben dem Fließverhalten des Mörtels auch dessen Verteilung auf dem großflächigen Oberlager genau beobachten.

Diese Vorversuche trugen entscheidend dazu bei, dass im Jahr 2004 die neu gefertigten außergewöhnlich großen Werkstücke für die Streben und Riegel optimal im eng gefügten Verband des Turmhelms versetzt werden konnten.

2.3 Steinaustausch kompletter Werkstücke in den Streben und Riegeln des Turmhelms

Der Steinaustausch kompletter und statisch belasteter Werkstücke am Turmhelm des südlichen Chorturms im Jahr 2004 war für die Bauhütte eine große Herausforderung. Beim Steinwechsel in den Streben und Riegeln des Turmhelms mussten sehr große Werkstücke aus Sandstein ausgebaut und durch in der Münsterbauhütte gefertigte neue Werkstücke ersetzt werden.

Diesen Arbeiten waren mineralogische Untersuchungen vorausgegangen, die Aufschluss darüber gaben, wo andere erhaltende Maßnahmen zum Einsatz kommen konnten und welche Werkstücke wirklich ausgetauscht werden mussten.

In den vorherigen Jahren waren bereits eine große Anzahl von weniger kritischen Bauteilen, wie z. B. Vierungen in den Streben, versetzt worden. Dabei konnten, was den Arbeitsablauf beim Steinaustausch betrifft, schon wichtige Erfahrungen zu den besonders kritischen Arbeitsschritten gesammelt werden. Dies betraf den Umgang mit der beim Steinwechsel eingesetzten Stützkonstruktion und das Fließ- und Abbindeverhalten des verwendeten speziellen Guss- und Verpressmörtels.

Der Austausch statisch belasteter Werkstücke erfolgte in mehreren Arbeitsschritten.
Zunächst wurde eine Stützkonstruktion aus Spezialstützen eingebaut, die so ausgelegt war, dass sie die statische Aufgabe des auszutauschenden Werkstückes übernehmen konnte und zwar solange bis das Ersatzwerkstück mit seinen neu verfüllten Fugen die volle Last wieder aufnehmen konnte (Abb. 3). Zur Sicherung des darüber liegenden Riegels wurden zusätzlich Stahlketten und Polyesterbänder installiert.

Abb. 4: S-Chorturm, Turmhelm: vertikaler Schnitt mit der Steinkettensäge (links), offene Schnittfläche am Werkstück, 2004 (rechts).

Mit dem Antreiben der Hydraulik an den Spezialstützen wurde kurz vor dem Steinwechsel die Auflast von dem auszubauenden Werkstück genommen.
Um das anfallende Wasser beim Nasssägen aufzufangen und abzuleiten, wurde noch eine provisorische Rinne aus Gitterfolie entlang der unteren horizontalen Fuge des auszutauschenden Werkstücks befestigt.

Die stark geschädigten Werkstücke in den Streben bzw. zwischen den Maßwerken wurden mit einer Steinkettensäge freigesägt, ohne dabei die intakte Bausubstanz zu beeinträchtigen (Abb. 4). Dann wurden nacheinander die Vertikalfugen durchtrennt, im Anschluss daran die untere horizontal verlaufende Fuge und schließlich wurde die obere Horizontalfuge aufgetrennt (Abb. 5). Danach konnten die Werkstücke mit Kanthölzern und Spannbändern gegen seitliches Abkippen gesichert und aus dem Verband genommen werden, um auf dem Gerüst abgelegt zu werden. Von dem Gerüst wurde der ausgebaute Werkstein mit einem mobilen Kran aus-

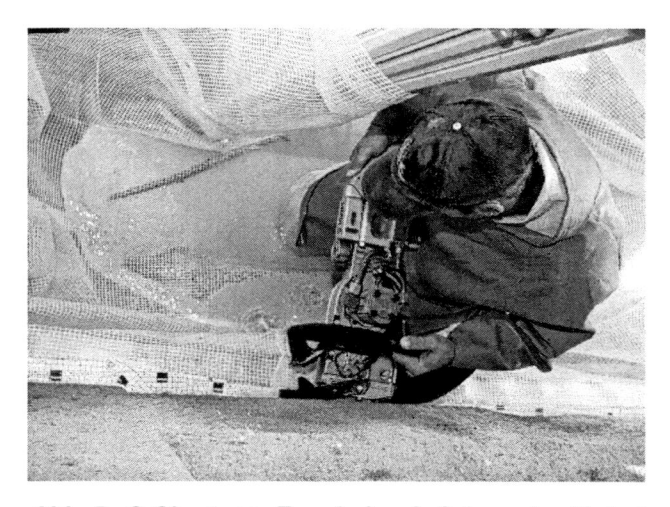

Abb. 5: S-Chorturm, Trumhelm: Aufsägen des Unterlagers mit der Steinkettensäge (links), freigelegte Horizontalfugen, 2004 (rechts).

Abb. 6: S-Chorturm, Turmhelm: gefertigte Steinkopie eines Riegels (links), eingepasste Steinkopie/Riegel vor dem Verfugen, 2004 (rechts).

reichender Reichweite aufgenommen und die für den Austausch gefertigte Steinkopie auf den Arbeitsboden des Gerüsts in ca. 60 m Höhe abgelegt (Abb. 6). Nach dem Trennen und Entfernen der Eisendübel und der Eisenklammern wurden die verbliebenen Fugenreste mit druckluftbetriebenen Werkzeugen entfernt.

Eine weitere Herausforderung stellte der Einbau der Steinkopie für die Bauhütte dar, da die Fugenbreite von nur wenigen Millimetern wenig Spielraum bot.

Um unter diesen Bedingungen den Einbau insbesondere der großen Riegelstücke zu ermöglichen, wurde eine spezielle Haltevorrichtung aus Stahlbändern und Metallfolien verwendet. Das Werkstück musste optimal eingepasst und in Position gebracht werden (Abb. 7). Danach wurde die Breite der Fugen mit Abstandhaltern fixiert. Zum Ausgießen mit einem speziellen Fugenmörtel wurden die Fugen mit Gummistreifen sorgfältig abgedichtet.

Abb. 7: S-Chorturm, Turmhelm: offene Fugen um den Auflagerbereich des Riegels in der Strebe (links), Fuge mit Abstandhalter fixiert, 2004 (rechts).

Gleichzeitig wurde der Verguss- und Verpressmörtel genau nach der vorgegebenen Rezeptur hergestellt, die in Labortests geprüft und sich in der Praxis bereits bewährt hatte. Naheliegendes Ziel ist es, dass alle Fugen vollständig mit Mörtel verpresst werden und keine Hohlräume bleiben, was besonders bei den Lagerfugen wichtig ist. Nur dadurch kann und konnte sicher gestellt werden, dass nach der Abbindezeit des Mörtels die statische Last wieder in der Weise auf das Werkstück eingeleitet wird, wie es bei dem originalen Werkstück der Fall war. Die Quelleigenschaft des verwendeten Mörtels wirkt der Bildung von unerwünschten Hohlräumen entgegen und verhindert ein Schwinden des Mörtels beim Abbinden.

Das Verfüllen der Fugen mit dem Verpressmörtel erforderte neben Geschick und Erfahrung auch eine gute Kontrolle während des Vorgangs. Zunächst wurde jeweils die untere Horizontalfuge mit Mörtel vergossen, bevor am darauf folgenden Tag mit dem Verguss der restlichen Fugen fortgefahren werden konnte. Damit lässt man dem Fugenmaterial ausreichend Zeit abzubinden, womit Beeinträchtigungen durch den Verguss der Vertikalfugen vermieden werden (Abb. 8).

Um sich jederzeit ein Bild über den Einfluss dieser Arbeiten auf die Statik des Turmes machen zu können, waren an tiefer liegenden Stellen in den horizontalen Fugen im konstruktiven Aufbau der Streben (vertikal) des Turmhelms Druckmessdosen – sog. flat-jacs – eingebaut worden (Fa. Glötzl). Bei den Aus- und Einbauarbeiten wurden in festgelegten Zeitintervallen die Messwerte der Druckdosen geprüft und festgehalten, um auffällige Veränderungen der statischen Belastung des Turmes frühzeitig zu bemerken. Die Planung und Durchführung dieser Arbeiten wurden von dem Statikbüro Kiessling und dem Prüfstatiker Dr. Lind verantwortlich begleitet.

2.4 Konservierungsmaßnahmen

Kompressenentsalzung des Schlaitdorfer-Sandsteins

Bereits 1996–97 hat man an der Galerie der Chorfassade nach dem Reinigen der Werkstücke aus Stubensandstein starke Ausblühungen festgestellt. Um den Versalzungszustand zu erfassen, wurden erste Bohrmehlproben von Frau Dr. Grassegger genommen und untersucht [3].

Der Stubensandstein besteht aus den Mineralien Quarz, Dolomit, dem Tonmineral Kaolin und Feldspäten. Das überwiegend als Ausblühung auftretende Salz ist Gips. Neben Gips tritt auch noch Epsomit auf. Diese werden durch Umwandlung des Dolomits unter Einfluss von SO_2- (saurem Regen) gebildet. Es ist ein sehr mobiles Salz mit starkem Schädigungsgrad.

Die durchgeführten Analysen zeigten, dass der Gehalt an leicht löslichen Sulfaten in den Oberflächen mittels Entsalzungskompressen reduziert werden kann.

Eine Entsalzung mit Kompressenmaterial wurde durch Mitarbeiter der Münsterbauhütte erstmals im Mai 1999 an der Chorfassade durchgeführt [4]. Dabei wurde die „Entsalzungskompresse Motema" verwendet. Aufgrund der Untersuchungen und Aus-

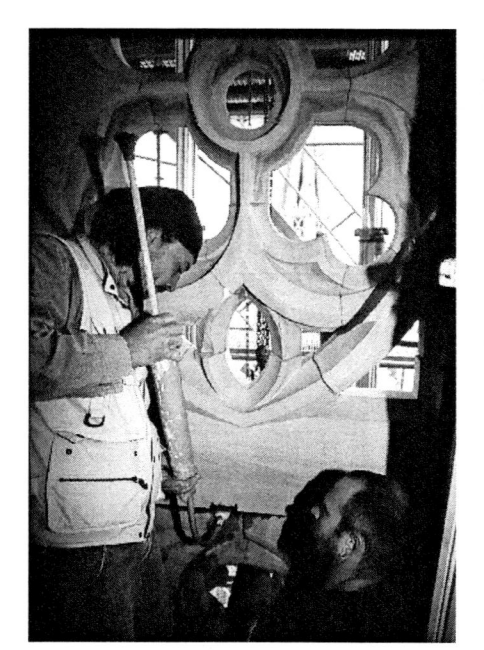

Abb. 8: S-Chorturm, Turmhelm: Ausgießen des Unterlagers eines Riegels mit speziellem Fugenmörtel (links), Vierung in einem Riegel, 2004 (rechts).

wertung der Beprobungen (1999–2000) durch die MPA Stuttgart wurde diese Entsalzungskompresse dann für die Arbeiten am Südlichen Chorturm empfohlen [5].

Die „Entsalzungskompresse Motema" besteht aus:
- reinen Cellulosefasern
- mit Bentonit gemischt
- und hochwertigen Sanden (pH-neutral).

Seit 1999 – mit Beginn der Restaurierung des Südlichen Chorturms – werden die Entsalzungsarbeiten von Mitarbeitern der Münsterbauhütte routinemäßig durchgeführt. Am südlichen Chorturm kann die Entsalzung nur in der wärmeren Jahreshälfte durchgeführt werden. Daher werden die damit beschäftigten Mitarbeiter der Münsterbauhütte am Südturm durch zusätzliche Projektkräfte unterstützt. Besonders umfangreich waren die Entsalzungsarbeiten an dessen Turmhelm und der Turmspitze. Hier wurden aus der Kreuzblume und dem Knauf die schädlichen Salze herausgelöst (Abb. 9).

Zur Vorbereitung und Planung der Entsalzung gehört an erster Stelle die Bestimmung des Salzgehaltes an dem zu behandelnden Werkstück. Dazu genügt eine Probe mit wenig Steinmehl, das von dem Werkstück gewonnen wird. Dazu wird das Werkstück angebohrt, wobei die Bohrtiefe mindestens 2 cm und maximal 4 cm tief ist und der Bohrdurchmesser 3 mm beträgt. Entsprechend dem gemessenen Salzgehalt werden die Werkstücke in eine von drei Versalzungsgraden eingestuft. Der Befund wird in einem Schadenskataster festgehalten.

Abhängig von der Salzbelastung wird die Anzahl der Durchgänge festgelegt und ergibt sich die Menge des benötigten Kompressenmaterials.

Die Durchführung der Kompressenentsalzung besteht aus folgenden Arbeitsschritten:
1. Vorbereiten des Untergrunds durch leichtes Vornässen mit Hilfe einer Sprühflasche,
2. Auftragen einer dünnen Trennschicht Japanpapier oder reiner Cellulose,
3. Kompressenauftrag ca. 1,5 bis 2 cm stark,
4. Abdecken mit Folie zum Feuchthalten des Kompressenmaterials,
5. nach der erfolgten Wirkdauer von etwa einer Woche (7–10 Tage) wird die Folie abgenommen, so dass das Kompressenmaterial trocknen kann, was etwa drei Tage dauert.

Nach der erfolgten Entsalzung müssen die Rückstände des Kompressenmaterials kontrolliert und schonend entfernt werden. Eine sorgfältige Reinigung des behandelten Werkstücks ist erforderlich, da sich das Kompressenmaterial leicht an der zurückgewitterten Steinoberfläche des Werkstücks in Porenöffnungen und Ritzen festsetzt.

Am Turmhelm des Südlichen Chorturms konnte die Salzbelastung der Werkstücke aus Schlaitdorfer-Sandstein, die in den Streben und Riegeln verbaut sind, in drei Durchgängen erheblich reduziert werden.

Salzgehalt vor der Entsalzung:
Max. 130–160 mg/l =0,65–0,80 Gew.-%
Durch. 50–75 mg/l =0,25–0,375 Gew.-%
Min. 25 mg/l =0,125 Gew.-%

Salzgehalt nach 3 Durchgängen:
Max. 10–25 mg/l =0,05–0,125 Gew.-%
Durch. 0–10 mg/l =0,00–0,05 Gew.-%
Min. 0 mg/l =0,00 Gew.-%

Die Kontrolle und Messung mit Teststäbchen und Lösungsmittel auf Sulfatgehalt erfolgt durch die Mitarbeiter der Münsterbauhütte.

Pro Quadratmeter wurden hierfür etwa 25 kg Kompressenmaterial benötigt. Bei einer zu behandelnden Gesamtfläche von ca. 779 m² und bei drei Durchgängen wurden insgesamt etwa 58 Tonnen Kompressenmaterial in den letzten fünf Jahren verbraucht.

Abb. 9: S-Chorturm, Turmhelm: Auftrag der Entsalzungskompresse (links), S-Chorturm, Spitze des südöstlichen Wendeltreppenturms: mit Folie abgedeckte Entsalzungskompresse, 2004 (rechts).

Steinschutzschlämmen auf Savonnières-Kalkstein

Die umfangreichsten steinrestauratorischen Maßnahmen standen am Turmhelm an. An den Maßwerken aus Savonnières-Kalkstein wurden nahezu alle am Bauwerk verbliebenen originalen Steinteile nach der Steinreinigung konserviert. Es wurden Risse verpresst, Fehlstellen auf der Steinoberfläche mit Steinersatzmaterial überdeckt, einen Steinfestiger sowie eine Steinmehlschlämme auf die schuppenden Bereiche aufgetragen (Abb. 10). Mit Algizid wurden die Steine gegen erneuten Bewuchs von Algen, Flechten und Moos behandelt.

Für die Fassung, eine mineralische Steinschutzschlämme, hat man u. a. aus Gründen der farblichen Angleichung neues Savonnières-Ersatzmaterial zu Mehl in unterschiedlicher Korngröße gemahlen (Körnung kleiner 800 μm).

Das Konzept wurde mit Restaurator Otto Wölbert von der Restaurierungswerkstatt des Landesamts für Denkmalpflege (RPS-LAD Esslingen) erarbeitet. Hinzugezogen wurde der Geologe Dr. Grüner (MPA Stuttgart) [6].

Der Restaurator Karl Fiedler hat im Sommer 2004 diese Arbeit mit seinem Team aufgenommen [7]. Die stark durchbrochenen, feingliedrigen Maßwerke waren relativ aufwendig zu restaurieren. Die Arbeiten konnten erst im November 2004 abgeschlossen werden.

Heute können wir davon ausgehen, dass die auf diese Weise durchgeführte Steinkonservierung mit einer Schlämme eine Standzeit von mehr als 10 Jahren aufweist. Eine Nachsorge ist erforderlich, um weiterhin den originalen Bestand aus Savonnières-Kalkstein des südlichen Chorturms zu erhalten.

3. Sonstige Arbeiten

Förderprojekt der Deutschen Bundesstiftung Umwelt für Steinrestaurierung und -konservierung in Freiburg und Ulm

Wegen des vergleichbaren Verwitterungszustands der Brüstungselemente am Freiburger und Ulmer Münsters haben die beiden Münsterbauämter gemeinsam einen Förderungsantrag bei der Deutschen Bundesstiftung Umwelt mit Sitz in Osnabrück (DBU) gestellt. Dabei sollten stark geschädigte Brüstungselemente mit einer verfeinerten herkömmlichen Restaurierungsmethode oder mit der Acrylharzvolltränkung (AVT-Behandlung) konserviert werden.

Im Rahmen des Vorprojektes ab Frühsommer 2003 wurden zunächst die Abdecker und Maßwerke der Brüstung Nr. 7 vom Restaurator Egon Kaiser für einen verlustfreien Ausbau präpariert (d. h. gereinigt, gefestigt und ergänzt) [8].

Das Aufsägen der nur 3 mm starken und verbleiten Vertikalfugen stellte eine besondere Herausforderung dar. Hier kam eine elektrische Fuchsschwanzsäge zum Einsatz, da sich die schnell rotierende Trennscheibe eines Winkelschleifers in der Bleifuge zusetzen und überhitzen würde. Für das Durchtrennen der 8 mm starken Mörtelfuge, die horizontal zwischen Maßwerk und Bodenbelag ver-

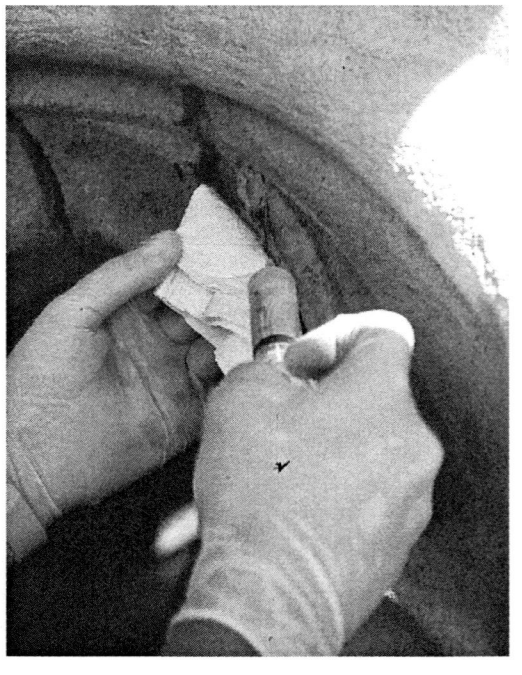

Abb. 10: S-Chorturm, Turmhelm, Maßwerke aus Savonnières-Kalkstein: Konservierende Kittung auf den Fehlstellen (links), Schließung der Risse, 2004 (rechts).

Abb. 11: DBU-Projekt, Brüstung Nr. 7, nördliches Seitenschiff: Durchtrennen der 8 mm starken horizontalen Mörtelfuge mit einer Wandsäge (Sägeblatt; D 60 cm, Fa. Cedima) (links). Das Blei in den 3 mm starken Vertikalfugen wurde mit einer elektrischen Fuchsschwanzsäge entfernt (rechts).

läuft, kam hingegen eine Wandsäge mit speziellen Sägeblättern (D 60 cm) zum Einsatz (Abb. 11). Die Säge läuft auf einer Schiene, wofür eine zusätzliche Halterung gefertigt wurde, da die auftretenden Kräfte bei dem Betrieb der Säge nicht auf das Gerüst übertragen werden durften.

Auch der letzte Schritt des substanzschonenden und zerstörungsfreien Ausbaus wurde erfolgreich bewältigt. Danach wurden die ausgebauten Werkstücke mit einem Spezialkran abgehoben und zu der Firma Ibach in Bischberg transportiert, um einer AVT-Behandlung unterzogen zu werden. Dort wurden zunächst die Elemente mit einem speziellen Verfahren intensiv getrocknet. Danach erfolgte die eigentliche AVT-Behandlung.

Für den Rückbau wurden spezielle Befestigungen und Fugenmaterialien benötigt, um die größere thermische Dehnung der AVT-behandelten Brüstungselemente zu berücksichtigen.

Abb. 12: DBU-Projekt, Brüstung Nr. 7, nördliches Seitenschiff: trocken versetztes Brüstungselement (links), Klammer im Oberlager verbleibt, Vertikalfuge mit speziellem Fugenmörtel verfugt (rechts).

Als letzter Schritt folgte das Versetzen der mit Acrylharz vollgetränkten und damit konservierten Brüstungselemente in Joch Nr. 7 am nördlichen Seitenschiff. Danach mussten die 3 mm starken Fugen mit einer speziell eingestellten, sehr weichen, relativ elastischen Mörtelmischung geschlossen werden. Die Verbindungsteile, wie Klammern und Dübel, mussten ebenso beweglich gelagert werden (Abb. 12). Grund hierfür ist der veränderte E-Modul der vollgetränkten Stücke aus Schlaitdorfer-Sandstein. Das thermische Dehnungsverhalten der Elemente hat sich verändert, was bei Sonneneinstrahlung oder hohen Temperaturen zu erhöhtem Druck auf die Fugen führt. Im schlimmsten Fall kommt es an den Steinflanken zur Rissbildung bzw. zum Flankenabriss.

Daneben wurde die Maßwerkbrüstung Nr. 11 mit einer verfeinerten herkömmlichen Restaurierungsmethode gesichert, die auf der Grundlage der Kartierung erarbeitet wurde. Hier kam es zu einer Reinigung mit Microstrahlgerät, Festigung mit Kieselsäureester, Ergänzung mit Kieselsol-Antragmasse, Rissverpressung mit System Kaiser sowie zu Retuschen und Verschlämmungen.

Diese Maßnahme wurde von Dr. Kolb und Otto Wölbert (RPT-LAD Tübingen und RPS-LAD Esslingen) begleitet.

4. Schlussbetrachtung

Zu den wichtigen Aufgaben der Münsterbauhütte gehört auch die Ausbildung von Steinmetzen, da hier am Ulmer Münster dem Auszubildenden die besondere Gelegenheit geboten wird, seine gesamte Ausbildungszeit an einer historischen Großkirche zu absolvieren. Die Möglichkeit, sich dabei mit den vielfältigen Aufgaben und Techniken im Zusammenhang mit der Erhaltung von historischer Bausubstanz vertraut zu machen, dürfte für die hier ausgebildeten Steinmetze sicher prägend und für ihren weiteren Berufsweg von großem Nutzen sein.

Neben den traditionellen Handwerkstechniken, die nach wie vor die wichtigste Rolle bei der Erhaltung des Ulmer Münsters spielen, gilt es auch neue Techniken zu erproben und zum Einsatz zu bringen, die an Stelle des aufwendigen Steinaustausch treten können und diesen auf einen viel späteren Zeitpunkt verschieben. Dazu gehören die Methoden der Steinreinigung, das Aufbringen von Steinschutzschlämmen und die Entsalzung, die ich noch zu den konventionellen Techniken zählen möchte. Allein damit schon lässt sich die Standzeit der Werkstücke am Bau erheblich verlängern.

Interessant sind auch Methoden bei denen Steinkleber auf mineralogischer Basis zum Einsatz kommen. Auch auf diesem Gebiet wollen wir in nächster Zeit Versuche an einzelnen Objekten durchführen.

Wo es das zu restaurierende Objekt erlaubt, sind wir am Ulmer Münster auch für neue und unkonventionelle Methoden aufgeschlossen, wie das Beispiel der Konservierung einzelner Brüstungselemente mit der AVT-Behandlung zeigt. Nicht erprobte Methoden verbieten sich aber in jedem Fall am Ulmer Münster dort, wo Objekte und Bereiche betroffen sind, die nicht ohne weiteres zugänglich sind. Dies ist auf Grund der Größe des Ulmer Münsters häufig der Fall. Hier sind die technischen und finanziellen Risiken zu groß. Erproben können wir nur an Objekten von überschaubarer Größe, die in der Folgezeit ohne weiteres zu beobachten sind.

Bei allen Überlegungen und Entscheidungen im Zusammenhang mit dem Einsatz neuer Restaurierungstechniken und -methoden dürfen jedoch die wichtigen Grundsätze der Denkmalerhaltung und Denkmalpflege nicht außer Acht gelassen werden; nämlich möglichst viel von der historische Bausubstanz zu erhalten, und wenn ein Austausch unumgänglich ist, mit der Nachbildung dem Original so nahe wie möglich zu kommen.

Literatur

[1] Dr. Gabriele Grassergger: Überprüfung der Reinigungswirkung der „Rotec-Vario-Wirbelstrahl-Düse" und der Rotec-Micro-Wirbelstrahldüse" im Vergleich zu anderen Düsen am Beispiel verschiedener Verschmutzungstypen am Ulmer Münster und der Stadtkirche in Schorndorf sowie unter Laborbedingungen. Getestete Materialien: Sandsteine, Kalksteine, Terrakotten und Glasuren. Untersuchungsbericht 32-26114 vom 01. 11. 1998.

[2] Dr. Dieter Marz, Armin Zöller: Rezeptur der Guß- und Verpressmörtel. Untersuchungsberichte 2000–2003. Die Untersuchungen erfolgten im Labor der Fa. Schwenk.

[3] Dr. Gabriele Grassegger: Zusammenfassung der Kompressenentsalzungsuntersuchungen am Ulmer Münster und Empfehlungen zur Entsalzung. Untersuchungsbericht 32-26 954–10 vom 18. 01. 2000.

[4] Dr. Gabriele Grassegger: Untersuchung von Ausblühungen. Kurzbericht 900 385 000 vom 24. 01. 2002.

[5] Dr. Gabriele Grassegger, Peter J. Koblischek: Zerstörungsfreies Entsalzen von Naturstein und anderen porösen Baustoffen mittels Kompressen. WTA-Merkblatt 3-x-x-D vom 22. 10. 2001.

[6] Dr. Friedrich Grüner: Technische Messungen zu Steinschutzschlämmen am Ulmer Münster. In: Tagungsdokumentation „Natursteinsanierung Stuttgart 2005".

[7] Karl Fiedler: Ulmer Münster – Steinschutzschlämmen auf Savonnières-Kalkstein. In: Tagungsdokumentation „Natursteinsanierung Stuttgart 2005".

[8] Egon Kaiser: Restauratorische Maßnahmen vor und nach der Acrylharzvolltränkung. In: J. Zallmanzig, DBU Projekt Brüstungselemente Freiburg-Ulm, Dokumentation 2003, AZ 18669.

Abbildungen

alle Abbildungen: Ingrid Rommel, Münsterbaumeisterin Münsterbauamt Ulm

Experimentelle Untersuchungen und FE-Simulation an baden-württembergischem Schilfsandstein zur thermisch-hygrischen Belastbarkeit

von Patrick Van der Veken, Josko Ozbolt, Gabriele Grassegger, Hans-Wolf Reinhardt

Im Rahmen verschiedener Sanierungsprojekte kam es vereinzelt bei rekonstruierten Werkstücken aus baden-württembergischem Schilfsandstein zu plötzlichen Rissbildungen noch vor der eigentlichen Verbauung. Als Schadensursache wurden hier Zwangsspannungen infolge thermisch-hygrischer Dehnungen angenommen, die mit Hilfe des Einsatzes moderner Rechenverfahren untersucht werden sollten. Aufbauend auf zahlreichen Daten aus Versuchen, Simulationen und bestehender Literatur wurde dabei mit dem FE-Programm MASA die numerische Simulation eines bestehenden Werkstückes durchgeführt, die als Grundmodell für weitere Untersuchungen dienen soll, und aus der nützliche Informationen gewonnen werden können. Weiter sollen daraus auch praxisrelevante Hinweise abgeleitet werden um diese Art von Vorschädigung in Zukunft zu vermeiden.

1. Einleitung

Im Rahmen unterschiedlicher Sanierungsprojekte wie z. B. dem Schloss Monrepos in Ludwigsburg und der Kilianskirche in Heilbronn kam es vereinzelt zu plötzlichen Rissbildungen an steinmetzmäßig nachgearbeiteten Werkstücken aus Heilbronner Schilfsandstein, die zum Steinaustausch vorgesehen waren (Abb. 1a). Diese Schädigungen traten noch vor der eigentlichen Verbauung auf, im Laufe des Transports oder während der Zwischenlagerung auf der Baustelle (Abb. 1b). Als Schadensursachen wurden die Lagerungsarten, Beschädigungen beim Transport oder Eigenspannungen aufgrund klimatischer Belastung vermutet. Ursachen wie Alterungen oder Verwitterungsschäden konnten an den Werkstücken ausgeschlossen werden (Grassegger, 1998). Dieses Phänomen wurde bereits bei verschiedenen Gesteinen nach der Gewinnung aus dem Bruch beobachtet und sollte exemplarisch mit den Werkstoffdaten des baden-württembergischen Schilfsandsteins untersucht werden.

Gerade Spannungen, die bei der Behinderung von unterschiedlich starken thermischen und hygrischen Dehnungen entstehen können (Möller, 1993), sollten in diesem Zusammenhang mit modernen Rechenverfahren untersucht werden (Abb. 2). Dazu sollte mit Hilfe des Finite-Element-Programms (FE-Programm) MASA (Ozbolt, 1999), aufbauend auf zahlreichen Daten aus unterschiedlichen Versuchsreihen (Festigkeitsprüfungen, Klimasimulationen, Schallemissionsanalysen), die im Vorfeld von der MPA Universität Stuttgart durchgeführt wurden (Grassegger, 2006), eine numerische Simulation eines gegebenen Werkstücks unter extremer klimatischer Belastung entwickelt werden. Eine von der Methodik vergleichbare FE-Simulation für das Verhalten von konservierten Natursteinen wurde von Bossert, Ozbolt und Grassegger (2004) durchgeführt.

Als Versuchskörper diente u. a. ein profiliertes Gesimsstück Probe 3.2 in Originalgröße (Dimension ca. 0,8 x 0,25 x 0,3 m), das in einer Klimakammer der MPA Universität Stuttgart vorgegebenen Temperatur- und Feuchtezyklen ausgesetzt worden war, und bei dem nach Abschluss der Simulation ebenfalls Rissbildungen zu beobachten waren (Abb. 3).

Ziel der numerischen Finite-Element-Simulation war es, ein möglichst realitätsnahes Modell zu erstellen, um weitere Aussagen bezüglich der Rissentstehung an bruchfrischen Sandsteinbauteilen, möglichen Einflüssen und relevanten Materialparametern treffen zu können. Besonders der Einfluss der Anisotropie, der Geometrie, der Lagerung und der für die Schädigungen verantwortliche Lastfall sollte hierbei genauer untersucht werden. Aus diesem Grund wurden fünf verschiedene Rechenmodelle mit unterschiedlichen Belastungen und Eigenschaften (Feuchte, Temperatur und anisotropes Materialverhalten) erstellt (Van der Veken, 2006):

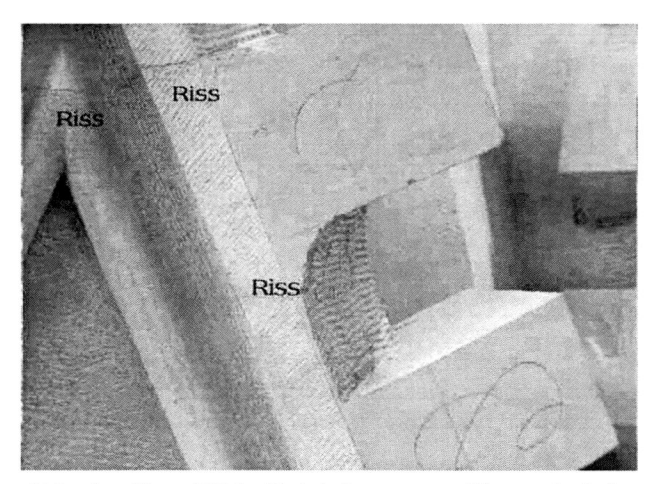

Abb. 1a: Ungeklärte Entstehung von Rissen bei der Herstellung eines Baldachins aus Schilfsandstein. Die Lage der Risse wurde gelb markiert.

Abb. 1b: Zwischenlagerung von neu gearbeitete Werkstücke auf der Baustelle oder im Steinlager. Manchmal kommt es zu ungünstiger Bewitterung und unterschiedlichen Lagerungsbedingungen.

Modell 1: richtungsabhängige Materialeigenschaften (Anisotropie)
beide Lastfälle (Feuchte, Temperatur)
Modell 2: richtungsabhängige Materialeigenschaften (Anisotropie)
nur Lastfall Temperatur
Modell 3: richtungsabhängige Materialeigenschaften (Anisotropie)
nur Lastfall Feuchte
Modell 4: keine Anisotropie (Materialwerte rechtwinklig zur Schichtung)
beide Lastfälle (Feuchte, Temperatur)
Modell 5: keine Anisotropie (Materialwerte parallel zur Schichtung)
beide Lastfälle (Feuchte, Temperatur)

Außen → Innen

Modell 1 entspricht den ausgeführten experimentellen Versuchen (Van der Veken, 2006; Grassegger, 2006). Das Simulationsmodell selbst besteht aus mehreren Teilmodellen (siehe Abschnitt 3), die unabhängig voneinander betrachtet und bearbeitet werden können. Dieses hier erstellte Grundmodell kann somit später als Ausgangspunkt weiterer Untersuchungen und Verifizierungen genutzt werden, und um weitere Teilmodelle wie zusätzliche Lastfälle ergänzt werden.

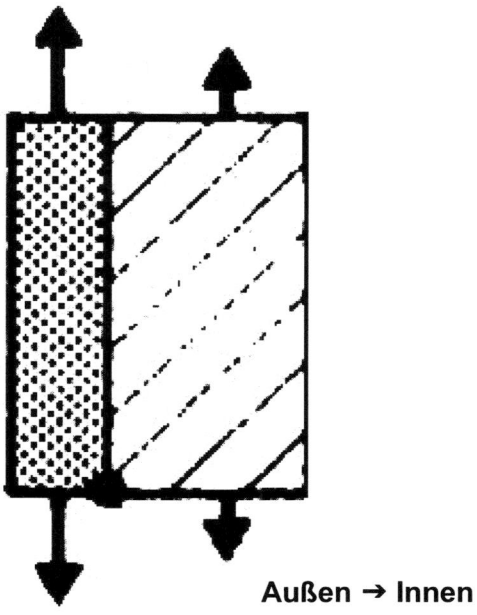

Abb. 2: Beispiel für unterschiedliche Dehnungen benachbarter Bereiche. Oberfläche (links) weist bei einer Beregnung stärkere hygrische Dehnung auf als kernnahe Bereiche, was bei Dehnungsbehinderungen zu Eigenspannungen führt (mit Punkt unten gekennzeichneter Bereich).

Abb. 3: Gesimsstück 3.2, das als Vorlage für das Rechenmodell benutzt wurde. Zustand vor der Klima Messpunkten für Setzdehnungsmessungen (6-eckig), Ultraschalldurchschallungspunkten (Kreuze, z. B. U5-genannt) und Sensoren für die Schallemissionsanalyse (Mitte, schwarz, an Kabel angeschlossen), (Dimension ca. 0,8 x 0,25 x 0,3 m).

2. Ermittlung der relevanten Materialdaten

Vor der eigentlichen Entwicklung des Rechenmodells war eine detaillierte Untersuchung und Erfassung des Systems „Heilbronner Schilfsandstein" sowie dessen Materialeigenschaften und Kennwerte nötig. Im Rahmen des Untersuchungsauftrages wurden unterschiedlichste Versuchsreihen und Simulationen von der MPA Universität Stuttgart durchgeführt, die zu diesem Zweck ausgewertet wurden (Gesamtbericht Grassegger, 2006). Neben zahlreichen an kleindimensionierten Prismen durchgeführten Festigkeitsprüfungen sowie Verformungs-Messungen zur Gewinnung thermischer und hygrischer Dehnungswerte, Ultraschallmessungen und anderer Begleitmessungen wurde an großen Werkstücken in der Dimension der Originalbauteile zusätzlich eine Klimasimulation durchgeführt. Hierbei wurde unter anderem ein profiliertes Gesimsstück in einer Klimakammer extremen, aber dennoch realistischen Klimabedingungen ausgesetzt (Abb. 3). Die Zyklenfolge beinhaltete rasche Wechsel sowohl von Frost- zu Wärmeperioden ($-20\,°C$ bis $+60\,°C$), als auch von Beregnungs- und Trocknungsphasen. Die hier gewählten Temperatur- und Feuchteverläufe wurden dann später bei der numerischen Simulation als Belastungen gewählt (Tab. 2). Um den Zeitpunkt möglicher Rissentstehungen genau lokalisieren und einem bestimmten Punkt im Klimazyklus zuordnen zu können, wurde parallel zur Klimasimulation eine Schallemissionsanalyse durchgeführt. Mit diesen und anderen Daten sollte später das rechnergestützte Simulationsmodell auf seine Richtigkeit hin überprüft und gegebenenfalls angepasst werden.

Ein besonderes Augenmerk wurde auf das Verhalten des Sandsteins unter Feuchteeinwirkung und den dazugehörigen Transportmechanismen gelegt, da der Hauptanteil der Dehnungen vermutlich auf Quell- oder Schwindvorgänge zurückzuführen war. Die wesentlichen Ansätze hierzu wurden den theoretischen Ansätzen und Grundlagen des Programm WUFI (Wärme und Feuchte instationär) entnommen, das am IBP/Holzkirchen entwickelt wurde (Künzel, H.M., 1994). Hier wurden vor allem die hygro-thermischen Wechselwirkungen sowie Speicher- und Flüssigtransportfunktionen übernommen und angepasst, um eine möglichst realitätsnahe Feuchte- und Temperaturverteilung abzuleiten.

Daten, die nicht aus den zahlreichen Versuchsreihen ermittelt wurden (Grassegger, 2006) oder aus bestehenden Ansätzen übernommen werden konnten, wurden aus Veröffentlichungen zu Sandsteintypen mit ähnlichen Materialeigenschaften übernommen. Eine Übersicht über die bei der Erstellung des Rechenmodells verwendeten Daten und Funktionen gibt Tabelle 1.

Tab. 1: Materialeigenschaften des Heilbronner Schilfsandsteins zur numerischen Simulation aus experimentellen Daten, Annahmen oder Funktionen.

Materialeigenschaft	Kennz.	Dimension	Kennwert Parallel (senkrecht) zur Schichtung	Funktion zur Berücksichtigung der Veränderungen in der numerischen Simulation *)
Zugfestigkeit *	β_Z	[N / mm²]	2,28 (3,46)**	
Druckfestigkeit *	β_D	[N / mm²]	75,51 (68,49)	
E-Modul (trocken) *	E_0	[N / mm²]	11162 (13666)	$E = E_0(1 - 0{,}2\ddot{o})$
Bruchenergie	G_F	[Nmm / mm²]	0,08	
Querdehnzahl	i	[-]	0,25	
Rohdichte	$\tilde{n}_s$	[kg/m³]	2210	
thermischer Dehnungskoeffizient	a_T	[$\cdot 10^{-6}$ / K]	7,39 (7,32)	
spez. Wärmekapazität (trocken) *	c_S	[J / kgK]	850	$c = c_S + w \cdot c_{Wasser}$, $c_{Wasser} = 4187$
Wärmeleitfähigkeit (trocken) *	$\ddot{e}_0$	[W / mK]	1,6	$\ddot{e} = \ddot{e}_0 (1 + b \cdot w / \tilde{n}_s)$, $b=8$
hygrischer Dehnungskoeffizient	a_H	[$\cdot 10^{-5}$ / % rel. F.]	1,51 (0,93)	
freie Wassersättigung *	W_F	[kg/m³]	107,21	$w = w_F(b - 1)\ddot{o} / (b - \ddot{o})$
Wasserdampfdiffusionswiderstandszahl	i	[-]	17,5 (16)	
Wasseraufnahmekoeffizient	A	[kg / m² · s^{0,5}]	1,85 (2,33)	
Kapillartransportkoeffizient Saugen *	D_{WS}	[mm² / s]		$D_{WS}(w) = 3{,}8\,(A / w_F)^2 \cdot 1000^{(w/w_F)\,-1}$
Kapillartransportkoeffizient Weiterverteilen *	D_{WW}	[mm² / s]		$D_{WW}(w) = 0{,}1 \cdot D_{WS}(w)$

* werden in der numerischen Simulation als feuchteabhängig angenommen und deshalb als feuchteabhängige Funktion erfasst

** Werte in Klammer sind parallel zur Schichtungsrichtung

2.1 Veränderung des Ultraschallverhaltens während der Klimasimulation

Beispielhaft für zahlreiche Messungen während der Klimabelastung wird nachfolgend das zyklische Verhalten der Ultraschallgeschwindigkeiten während der Klimasimulation aufgezeigt. Die typische Verteilung der Ultraschallmesspunkte, hier U1 bis U4 an der kurzen Seitenfläche des Modellblocks 3.2, gibt Abbildung 3 wieder. Die Messungen erfolgten als Durchschallung durch das ganze Werkstück in den unterschiedlichen Klimazuständen (Grassegger, 2006).

Ultraschallmessungen 1. Charge mit Temperaturkurve ohne Zeitachse

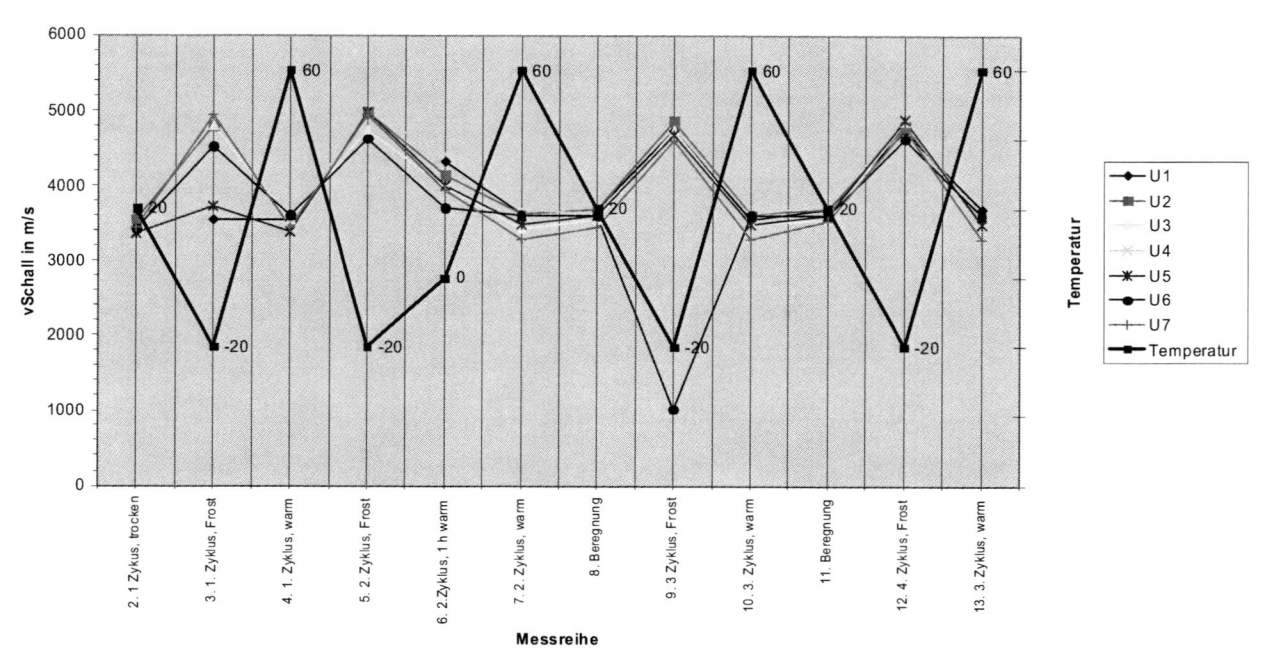

Abb. 4: Streubreite und Verhalten der Ultraschalllaufzeiten in Folge der Feuchtezustände, Temperaturen und Effekte durch Eisbildung.

Tab. 2: Messwerte der Ultraschalllaufzeiten (m/s) in Abhängigkeit von der Temperatur an 2 Probestücken vor, während und nach der Klimasimulation, zum Teil unter Wasser-, Temperatur- und Eiseinfluss.

Messpunkt	2. Zyklus, trocken	3. Zyklus, Frost	4. Zyklus, warm	5. Zyklus, Frost	6. Zyklus, warm	7. Zyklus, warm	8. Zyklus Beregnung	9. Zyklus, Frost	10. Zyklus, warm	11. Beregnung	12. Zyklus, Frost	13. Zyklus, warm, Ende
Probekörper 3.2, Gesteinstyp: gelblich, homogen und schwach gebändert												
U1	-	3551,6	3551,6		4327,9	3616,4	3683,7	4742,5	3551,6	3683,7	4742,5	3683,7
U2	3551,6	4800,0		4981,1	4146,6	3616,4	3683,7	4858,9	3616,4	3683,7	4800,0	3551,6
U3	-	4800,0	3551,6	4742,5	3979,9	3428,6	3551,6	4742,5	3489,0	3551,6	4858,9	3489,0
U4	3683,7	-	3551,6	4981,1	4424,6	3683,7	3616,4		3616,4	3753,6	4858,9	3551,6
U5	3363,9	3728,8	3384,6	4981,1	4000,0	3492,1	3606,6	4680,9	3492,1	3606,6	4888,9	3492,1
U6	3417,7	4525,1	3600,0	4628,6	3698,6	3600,0	3600,0	1018,9	3600,0	3600,0	4628,6	3600,0
U7	3443,0	4945,5	3443,0	4945,5	3942,0	3277,1	3443,0	4610,2	3277,1	3532,5	4771,9	3277,1
Probekörper 2b, Gesteinstyp: grün homogen												
U10	2903,2	4545,5	2980,1	4545,5	4054,1	2903,2	2903,2	4545,5	2830,2	2980,1	4545,5	2830,2
U11	2760,7	4509,0	2631,6	4545,5	3435,1	2631,6	2694,6	4736,8	2631,6	2694,6	4545,5	2631,6
U12	2903,2	4403,1	2036,2	4545,5	3781,5	3333,3	3435,1	4945,1	3237,4	3435,1	4736,8	3333,3
U13	2871,0	4405,9	2934,1	4525,4	3869,6	2934,1	3069,0	4525,4	2934,1	3069,0	4107,7	2934,1
U14	2871,3	4723,1	2871,3	4461,5	3670,9	2815,5	3186,8	4202,9	3186,8	3186,8	4202,9	3052,6
U15	2575,8	4381,4	2475,7	2575,8	3072,3	2575,8	2575,8	4322,0	2475,7	2575,8	4322,0	2575,8

Interpretation
Die Ultraschallmessungen zeigen einen temperaturabhängigen Verlauf (Abb. 4 und Tabelle 2). Die Ultraschallaufzeiten der Probe 3.2 (Musterstück) Materials streuen kaum und liegen im trocken Zustand sehr nah zusammen im Bereich zwischen 3,4 bis 3,6 km/sec. Es handelt sich um Messungen in Schichtungsrichtung in zwei Richtungen, wobei hier keine Anisotropie beobachtet werden konnte.

Die Proben zeigen von ca. 0 bis 60 °C eine konstante Schallgeschwindigkeit. Unterhalb des Gefrierpunktes wird durch die große Verdichtung, die das Eis hervorruft, eine Steigerung der Schallgeschwindigkeit bis auf fast 4 km/s hervorgerufen. Auch am Ende der Temperaturbelastungszyklen lagen identische Schallgeschwindigkeiten vor. Eine Verlangsamung des Ultraschalls durch Schadensprozesse oder Risse war nicht zu beobachten, d. h. es kam zu keinen grundlegenden Materialschäden oder Zerrüttungen des Gesamtmaterials.

Vergleichsweise wurden die Werte eines anderen Probestückes Nr. 2b aufgezeigt, sie sind signifikant niedriger (ca. 2,5 bis 2,9 km/s) und somit ist der Stein weicher. Dieser zeigt, parallel zur Schichtung in zwei Richtungen und in verschiedenen Positionen gemessen, auch keine Anisotropie und keine veränderte Laufzeit nach Abschluss der Messungen.

2.2 Kontrolle mittels Schallemissionen

Während des kompletten Klimazyklus wurden die Schallereignisse mittels Breitband-Ultraschallsensoren registriert und einer Schallemissionsanalyse (SEA) unterzogen (Krüger, 2005). Über die Lage der Sensoren konnten auch die Bereiche der Schallereignisse ungefähr zugeordnet werden. Den Klimaverlauf gibt Tabelle 3 wieder.

Die meisten Schallereignisse wurden erzielt bei Aufheizungen nach Dauerfrost (Abb. 5a) und Abkühlung mit Frost im wassergesättigten Zustand (Abb. 5b).

Es traten optisch nur sehr wenige Risse auf (Abb. 8a und 8b), wobei aber die SEA gut den optischen Beobachtungen und der Lokalisierung der Risse übereinstimmt. Ein Großteil der Schallemissionen führte zu keinen erkennbaren Rissen, sondern ist als Mikroschädigung oder internen Spannungen zu werten. Als kritischste Belastungen erwiesen sich die Kombination von hoher Feuchte mit sehr schnellen Temperaturwechseln, sowohl als Abkühlung wie als Aufheizung. Beispielsweise bei der schnellen Aufheizung traten auch bei Temperaturen oberhalb 20 °C eine hohe Anzahl von Schallereignissen auf, die vermutlich auf die starke Oberflächentrocknung zurück zu führen sind (Abb. 5a). Auch die Periode der schnellen Abkühlung von ca. +60 °C auf –20 °C bei Wassersättigung zeigte eine hohe Anzahl von Schallereignissen (Abb. 5b).

Die Energie der Schallereignisse ist ein wichtiges Kriterium für die Schwere der Risse. Niedrig energetische Ereignisse können auch nur Vorläuferprozesse oder Mikroschädigungen darstellen (Rauschen und Ultraschallsignale aus anderen Quellen wurde beseitigt).

3. Numerische Analyse

Bei dem Aufbau des numerischen Modells stand die Verarbeitung und Idealisierung sämtlicher für die FE-Simulation relevanten Informationen im Vordergrund. Je genauer Daten wie z. B. Materialkennwerte, physikalische Zusammenhänge und Annahmen für das Rechenmodell aufgearbeitet und später darin implementiert werden, desto besser wird die Aussagekraft. Hier wurde das reale Verhalten des Systems „Heilbronner Schilfsandstein" in ein vereinfachtes numerisches Modell überführt.

Die nichtlineare numerische Simulation wurde mit der Verwendung von FE Programm MASA (Ozbolt, 1999) durchgeführt. Für bekannte Temperatur- und Feuchterandbedingungen wird für jeden Zeitschritt die Verteilung der Temperatur und der Feuchte berechnet (Ozbolt et al., 2005). Aufgrund der bekannten Temperatur- und Feuchteverteilung werden die nichtelastischen Dehnungen in Folge der Temperatur und Feuchte ermittelt. Diese Dehnungen rufen in dem Bauteil die Spannungen hervor, die durch die Anwendung von mechanischen Teilen des Modells („Microplane" Modell, Ozbolt et al., 2001) berechnet werden können. Falls die Spannungen die Festigkeit des Materials erreichen, treten Risse auf. Die berechnete Temperatur- und Feuchtenverteilung zusammen mit den Spannungen und Dehnungen werden als Anfangsbedingungen für das nächste Zeitinkrement genommen.

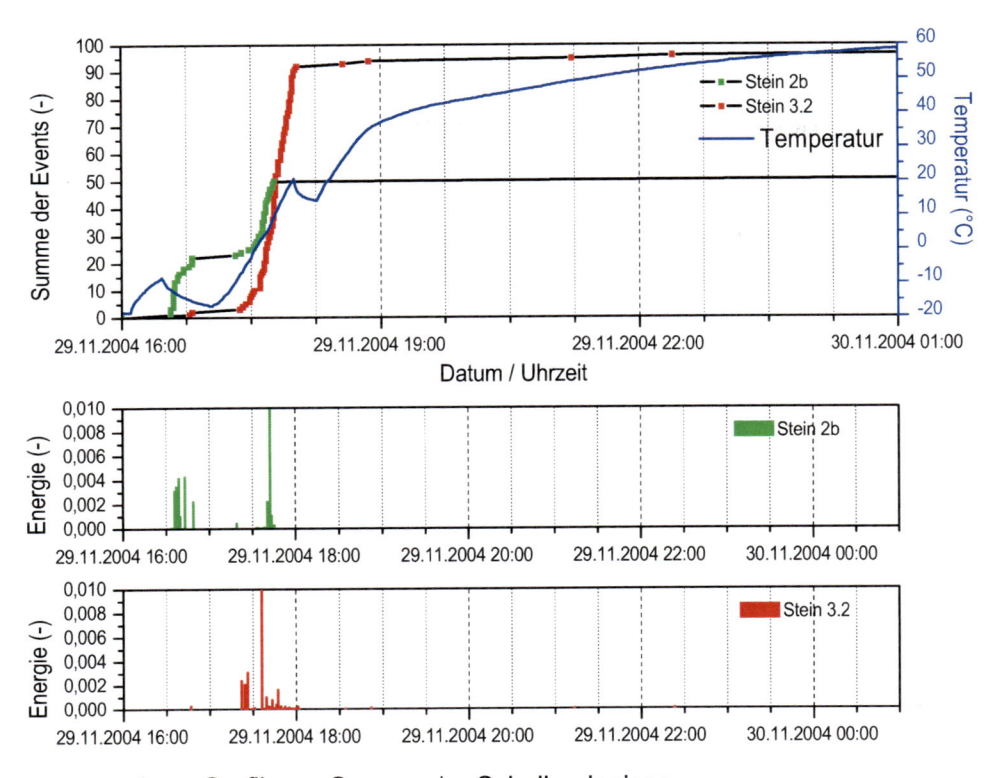

obere Grafik: Summe der Schallereignisse.
untere Grafiken: Energie der Schallereignisse, Kriterium für Stärke der Schädigung.

Abb. 5a: Aufheizphase nach einer Frostphase, Registrierung der Schallemissionsereignisse über die Temperaturkurven. Während der Phase –20 °C bis ca. +20 °C (schnelles Aufheizen) treten die meisten Schallereignisse auf. (Bericht M. Krüger, 2005, Abbildung dankenswerterweise überlassen)

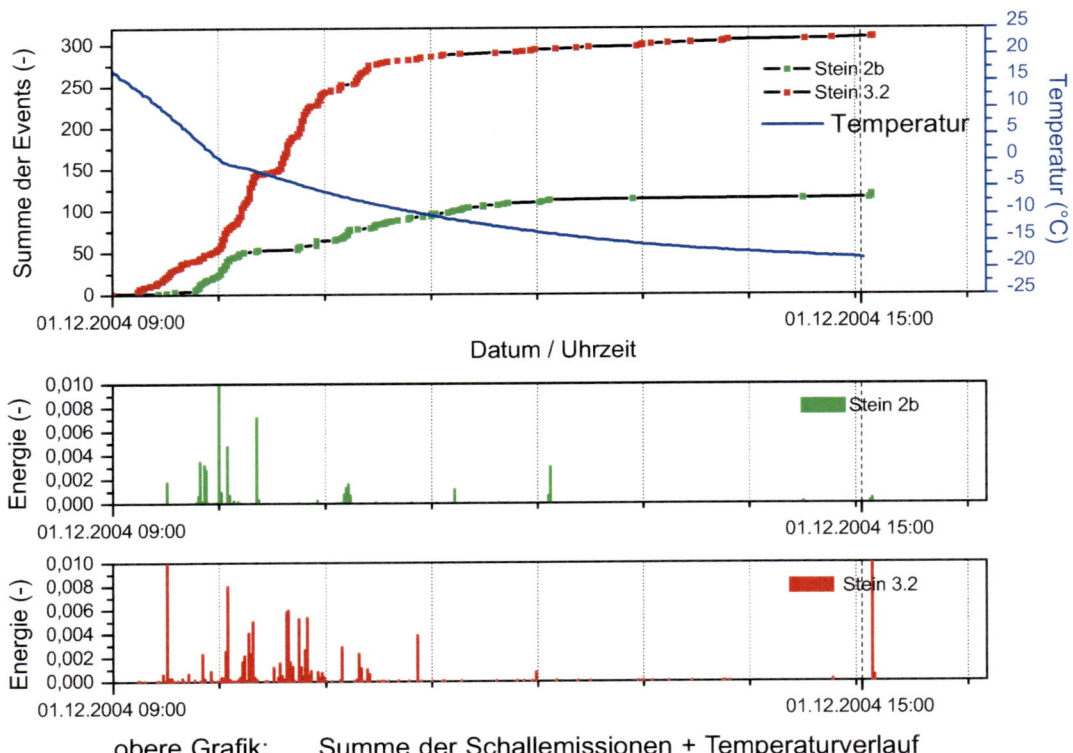

obere Grafik: Summe der Schallemissionen + Temperaturverlauf
untere Grafiken: Energie der Schallsignale (Kriterium für die Stärke der Schädigung)

Abb. 5b: Schnelle Abkühlphase und danach Dauerfrost. Es kommt nach dem 0 °C Durchgang zu Schallereignissen und somit zu Materialschädigungen, die dann aber ausklingen. Auszug aus der grafischen Darstellung der Schallemissionsergebnisse (Bericht M. Krüger, 2005, Abbildung dankenswerterweise überlassen).

3.1 Hygro-thermo-mechanisches Modell für Stein

Das Materialmodell ist das umfangreichste und auch das wichtigste Teilmodell der gesamten numerischen Simulation. Es beinhaltet sowohl die Erfassung der jeweiligen Materialkennwerte und die Faktoren, die darauf einen Einfluss haben, als auch die Beschreibung bestimmter Eigenschaften und Besonderheiten des Materials. Die verwendeten Parameter sind in Tab. 1 zusammengefasst. Weiterhin wurde die Interaktion zwischen hygrischen und thermischen Eigenschaften über bestimmte Funktionen approximativ erfasst und in das Rechenmodell integriert. Folgende Eigenschaften und Besonderheiten des Materials mussten hier berücksichtigt werden:

- Die Richtungsabhängigkeit einiger Eigenschaften (Anisotropie) wurde über ein experimentelles Wertepaar erfasst (rechtwinklig und parallel zur Schichtung). Die Anisotropie wurde durch die Anwendung vom Microplane Modell berücksichtigt.
- Die Feuchteabhängigkeit einiger Materialkennwerte wurde über die ermittelten Messwerte und angenommene Funktionen berücksichtigt (Van der Veken, 2006).
- Die gegenseitige Beeinflussung bei temperatur- oder feuchtetechnischen Parametern (thermisch-hygrische Interaktion) wurde ebenfalls über Funktionen erfasst, wobei der nichtlineare Einfluss der Temperatur aufgrund des geringen Temperaturbereichs (–20 °C bis +60 °C) vernachlässigt wurde.
- Es wurde angenommen, dass die Schädigung keinen Einfluss auf die Verteilung der Feuchte und Temperatur haben.

3.2 Geometrie

Als wesentliche Eigenschaften des Rechenmodells bezüglich der Geometrie wurden folgende Annahmen getroffen:

- Wahl eines profilierten Werkstückes (Probe 3.2) als Vorlage, um den Einfluss auskragender und einspringender Ecken auf die Rissbildung zu untersuchen (Abb. 6a und b).
- Schichtungsrichtung parallel zur Lagerung (Abb. 6b). Berücksichtigung der Anisotropie des Heilbronner Schilfsandsteins somit über das Materialmodell möglich.
- Statisch bestimmte Lagerung, um Zwangsspannungen zum Untergrund zu vermeiden.
- Schnitte durch den Körper und Einführung von Symmetrierandbedingungen ermöglichen die Untersuchungen des Rechenmodells über den Querschnitt (Abb. 6a).

3.3 Belastung

Das Belastungsmodell enthält alle für das Modell relevanten Lastfälle. Im vorliegenden Fall waren dies ausschließlich hygrische und thermische Belastungen, die aus der Klimasimulation an den großdimensionierten Werkstücken übernommen und für die FE-Simulation idealisiert wurden. Die Volumenzunahme unter Eisbildung und die dadurch verursachten Spannungen konnten rechnerisch nicht erfasst werden und wurden deshalb vernachlässigt.

Da bei der Berechnung mit dem Programm MASA keine kontinuierlichen Temperatur- oder Feuchteanstiege möglich sind, musste dies mit Hilfe von mehreren Iterationsschritten durchgeführt werden.

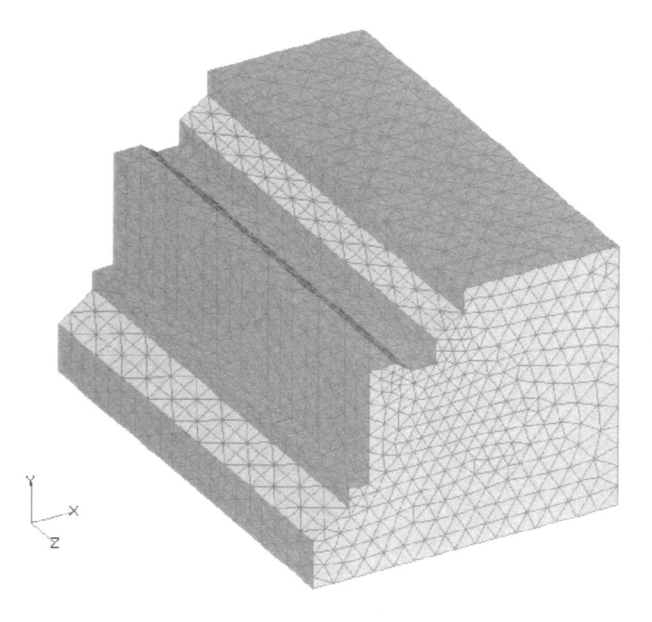

Abb. 6a: Geometrie des Probekörpers und die FE-Diskretisierung, Schichtungsrichtung horizontal.

Abb. 6b: Realer Querschnitt des Probekörpers (Probe 3.2) mit Schichtungsrichtungsmarkierung.

Ebenso wurden bei längeren Perioden diese nochmals unterteilt, um mögliche Veränderungen schrittweise besser zu erfassen. Insgesamt wurde der komplette Temperatur- und Feuchteverlauf in 77 Schritte unterteilt. Einen Ausschnitt des Klimaverlaufs zeigt Tabelle 3.

Tab. 3: Ausschnitt aus den Belastungszyklen (Temperatur / Feuchte).

Simulations-Step	Temperaturintervall Dauer [Äh]	Oberflächentemperatur. °C	Materialfeuchte rel.-% an der Oberfläche	Klimatisierungsvorgang
43	11	20	100	Beregnung
44	11	20	100	Beregnung
45	1,5	15	30	Oberflächentrocknung
46	1,5	5	30	durch
47	1,5	-5	30*	die Gerätekühlung
48	1,5	-15	30*	(Oberfläche trocken)
49	1	-20	30*	(Oberfläche trocken)
50	0,375	-10	30*	(Oberfläche trocken)
51	0,375	10	40	(Oberfläche trocken)
52	0,375	30	70	Beginnende Kondensation
53	0,375	50	100	Kondensation an der Oberfläche
54	7,5	60	30	Entfeuchtung
55	7,5	60	30	Entfeuchtung
56	0,375	55	30	dauertrocken
57	0,375	45	30	dauertrocken
58	0,375	35	30	dauertrocken
59	0,375	25	30	dauertrocken

* unveränderte Feuchteverteilung, da Temperatur < 0°C

4. Ergebnisse

Die Auswertung der numerischen Analyse erfolgte anhand der grafischen Darstellung der Ergebnisse. Folgende Zusammenhänge könnten daraus festgestellt werden:

- Gute Übereinstimmung des Rissbildes des Modells 1 mit den Ergebnissen der experimentellen Untersuchungen (vergleiche Abb. 7 und 8).
- Der Lastfall Feuchte ist ausschlaggebender Lastfall. Bei Modell 2 (es tritt nur eine Temperaturbelastung auf) ist keine Rissentstehung zu beobachten. Jedoch verstärkt die Temperaturbelastung als <u>Überlagerung</u> zu den Feuchtebelastungen die Rissentwicklung, was aus dem Vergleich von Modell 1 und 3 hervorgeht.
- Die Hauptschädigung in allen Zyklen trat nach der Beregnung bei der Abkühlung auf minus 20 °C auf. Dabei erfolgte eine indirekte Trocknung des Körpers durch die starke Abkühlung der Raumluft, was zu einer sehr schnellen Oberflächentrocknung führte (starker Unterschied zwischen Oberfläche und Kernbereich)(siehe Step 45 in Tab. 3, sowie Abb. 7a und 7b).
- Bei der numerischen Simulation traten durch Wärme und Temperaturfluss im Frostbereich keine relevanten Schädigungen auf. (Wobei der Eiseffekt wegen der komplexen Materialeigenschaften noch nicht simuliert werden konnte.)
- Die numerisch vorhergesagten Schadenszeitpunkte decken sich mit den Aufzeichnungen der Schallemissionsanalyse (SEA) gut.
- Die Rissentwicklung beginnt in den einspringenden Ecken des Modells. Dies bedeutet, dass Kerbwirkungen und Spannungsspitzen bei starken Einschnitten eine erhebliche Rolle spielen. Ein möglicher Einfluss der Geometrie sollte weiter durch unterschiedliche Geometriemodelle untersucht werden.
- Bei den Modellen 4 und 5, bei denen keine Anisotropie berücksichtigt wurde, „verschmiert" das Rissbild in den letzten Schritten der FE-Simulation. Es lässt sich daraus ein Einfluss der Anisotropie des Gesteins auf das Rissbild vermuten.

Außerhalb des rechnerischen Simulationsmodells wiesen die Schallemissionsmessungen bei starken Frostbeanspruchungen im vollständig wassergesättigten Zustand auf Materialschädigungen hin (Abb. 5a und 5b). Dies sollte als sehr ungünstige Belastungskombination an feinteiligen Werkstücken vermieden werden.

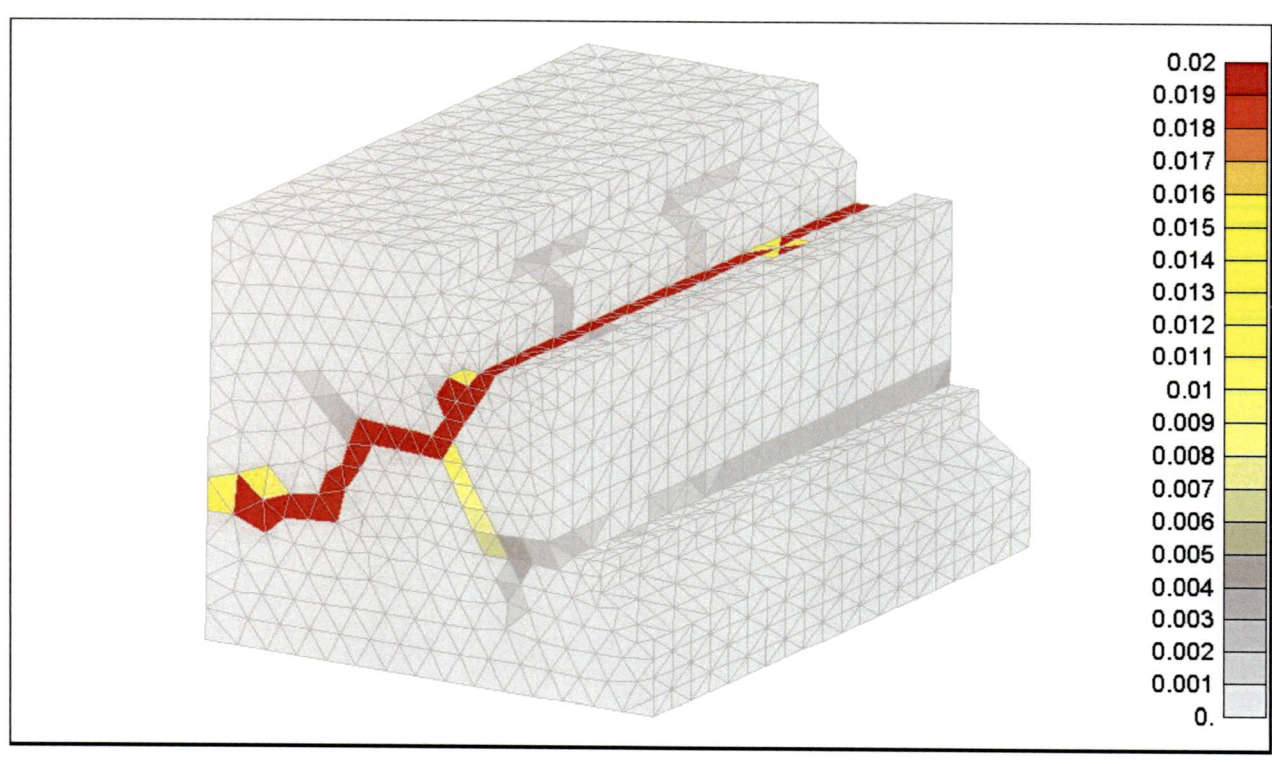

Abb. 7a: FE-Simulation, erster starker und plötzlich auftretender Riss bei Lastschritt 28 (Abkühlung von 20 °C auf 15 °C mit schlagartiger Trocknung der Oberfläche von nass auf 30% rel. Feuchte).
Achse: Hauptzugdehnungen, das Maximum ca. 0,02 (-)* entspricht etwa der Bruchdehnung.

*Erläuterung zur Dimension: Die Risse (rote Bereiche) sind als maximale Hauptzugdehnungen abgebildet. Es wurde eine kritische Rissöffnung – d. h. ein Riss öffnet sich von wcr = 0.2 mm angenommen. Diese Rissöffnung entspricht den dargestellten kritischen Hauptzugdehnungen von ecr = wcr/h, mit h = durchschnittliche Elementgröße.

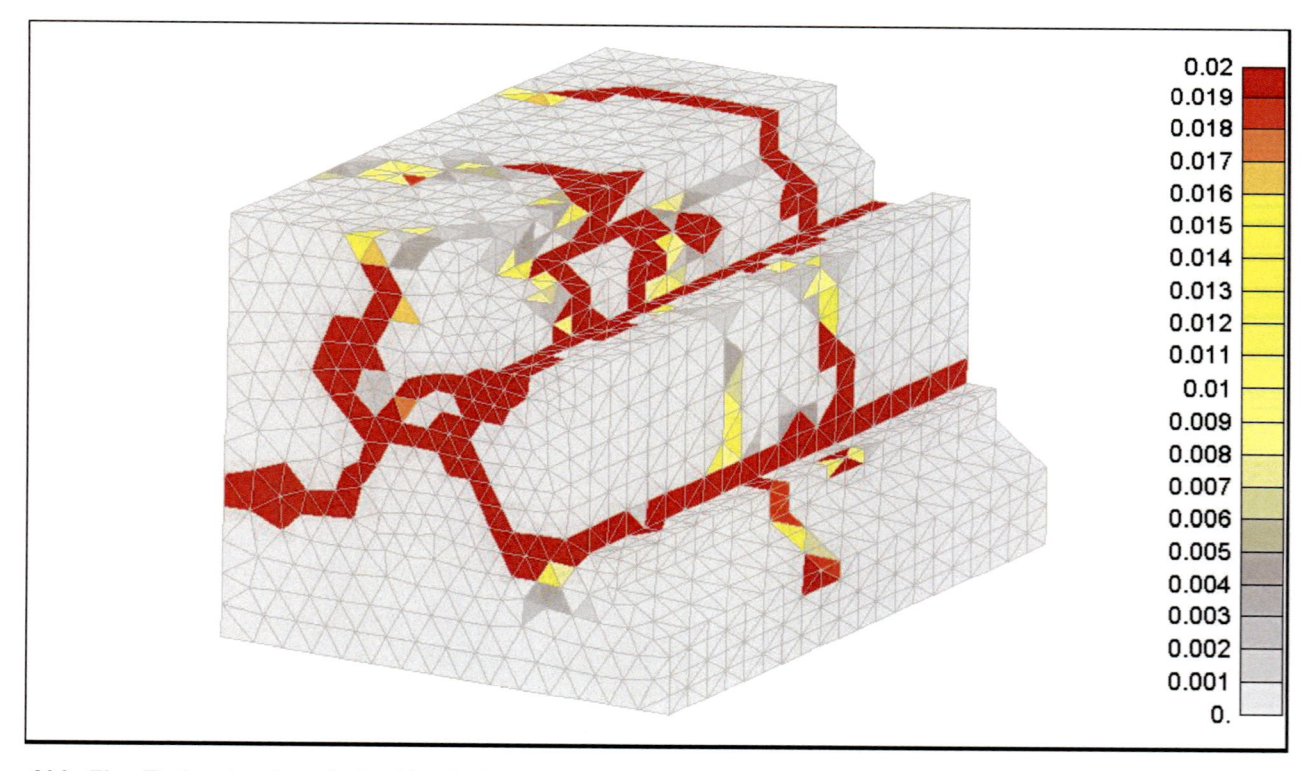

Abb. 7b: Endzustand nach der Simulation. Es sind zwei deutliche Risse längs und ausgehend der Profilecken zu erkennen. Die Skala der Achse beschreibt Hauptzugdehnungen, das Maximum von ca. 0,02 (-) entspricht etwa der Bruchdehnung.

Vergleich mit den realen Rissbildern

Nachfolgend werden die realen Rissbilder nach Abschluss der Klimasimulation gezeigt (Abb. 8a und 8b). Die Risse verlaufen ungefähr parallel der Schichtung, beginnen bevorzugt an einspringenden Winkeln (Riss 1), traten schlagartig während der Simulation auf und treten insgesamt nur sehr vereinzelt auf. Sie waren bei der Probe 3.2 nur an dem härtesten, spätdiagenetisch mit eisenzementierten Abschnitt des Werkstücks zu beobachten. Andere Bereiche blieben trotz der harten Anforderungen rissfrei.

Zusammenfassung

Es wurden experimentelle Material- und Verformungsdaten von Schilfsandsteinen, die zum Teil auch bei einer Klimasimulation gewonnen wurden, in eine Finite-Elementssimulation umgesetzt. Ziel war es hierbei, die Dehnungen, die durch thermisch-hygrische Belastungen und Anisotropie entstehen, numerisch darzustellen. Es sollte abgeklärt werden, wann und wo Spitzendehnungen entstehen. Die FE-Modelle zeigten eindeutige Spitzenbelastungen bei starken Feuchtesprüngen im Material (z. B. plötzlichen Trocknungen oder Durchfeuchtungen) sowie an einspringenden Ecken. Die in der numerischen Simulation auftretenden Risse entsprechen fast 100-prozentig den realen Rissen, die bei der Klimabelastung auftraten. Dies zeigt, dass derartige Modelle, wenn sie mit geeigneten Materialkennwerten erstellt werden, als Vohersageinstrument verwendet werden können und helfen können Spitzenbelastungen zu vermeiden.

Abb. 8a: Dokumentation der neu entstandenen drei Risse am Ende der Simulation, d. h. nach dem dritten Zyklus und der Frostperiode. Die feinen Haarrisse sind schwarz markiert und verlaufen: 1. Riss: von unten links zur Mitte (unterhalb U2), 2. Riss: sehr kurz oberhalb von U2 Richtung Marke S1 und 3. Riss: von rechts oben nach links zur Mitte bei Messknopf 8. Die Schichtung verläuft im Bild horizontal (gelbe Markierungen). Die Risse verlaufen parallel der Schichtung.

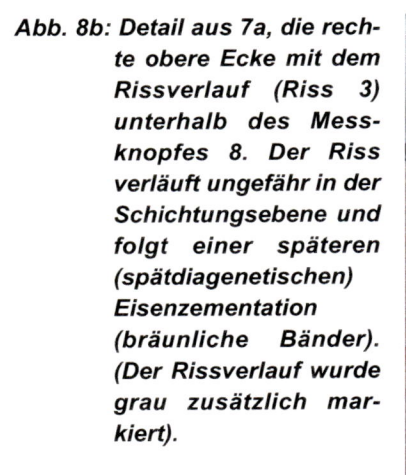

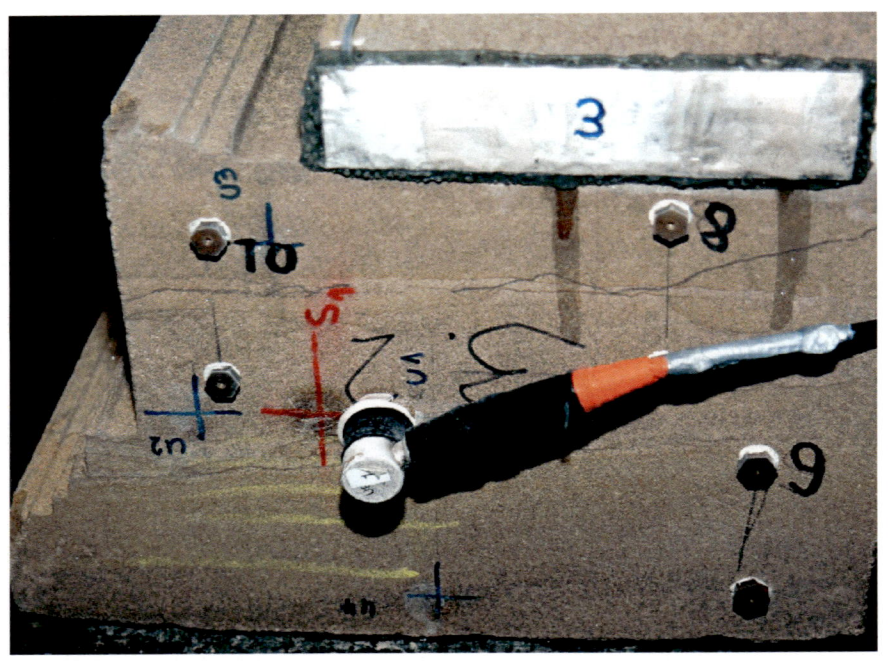

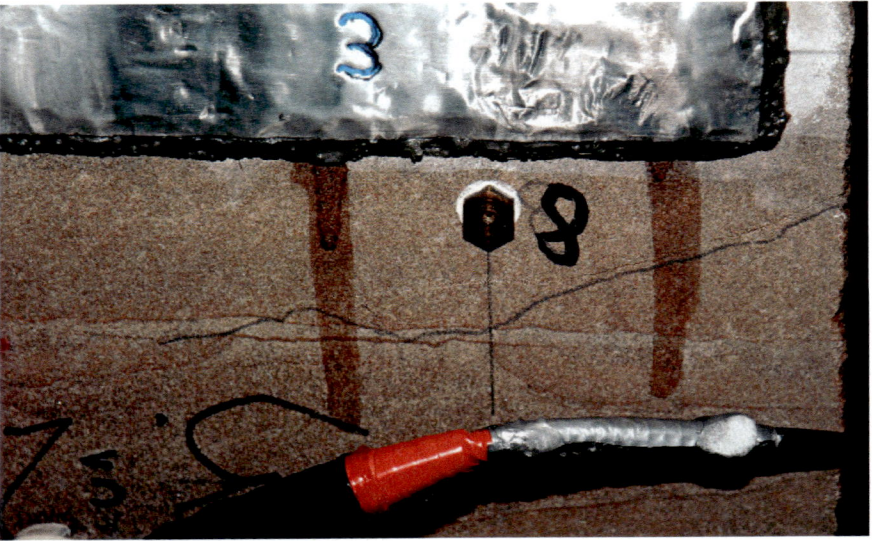

Abb. 8b: Detail aus 7a, die rechte obere Ecke mit dem Rissverlauf (Riss 3) unterhalb des Messknopfes 8. Der Riss verläuft ungefähr in der Schichtungsebene und folgt einer späteren (spätdiagenetischen) Eisenzementation (bräunliche Bänder). (Der Rissverlauf wurde grau zusätzlich markiert).

Literatur

Bossert, J., Ozbolt, J. and Grassegger, G.: FE-Modelling of the Conservation Effects of an artificial Resin on Deteriorated Heterogeneous Sandstones in Building Restoration. In: Environmental Geology, 46 (2004): S. 323–332.

Grassegger, G.: Mineralogische Prozesse bei der Bausteinverwitterung. In: Snethlage, R. (Hrsg.) „Denkmalpflege und Naturwissenschaft, Natursteinkonservierung II", Ein Förderprojekt des Bundesministeriums für Bildung, Wissenschaft und Technologie (BMFT). Stuttgart: IRB-Verlag, 1998. S. 119 –136.

Grassegger, G.: Heilbronner Schilfsandstein – Klimasimulation und Materialkennwerte zur Ermittlung der optimalen Behandlung bei der Bearbeitung und dem Verbau. Berichtsnummer 901 0361 000, 16. Januar 2006.

Krüger, M.: Untersuchungsbericht zur Schallemissionsanalyse an Proben (Mühlbacher Sandstein) unter wechselnder klimatischer Beanspruchung. Fa. Smart Mote, Ber. 25. 4. 2005, Nr. SEA Sandstein - 20050422, 18 Seiten. Unveröffentlichter Bericht für das Projekt.

Künzel, H.M.: Verfahren zur ein- und zweidimensionalen Berechnung des gekoppelten Wärme- und Feuchtetransports in Bauteilen mit einfachen Kennwerten. Dissertation, Fakultät Bauingenieur- und Vermessungswesen, Stuttgart, 1994.

Möller, U.: Thermo-hygrische Formänderungen und Eigenspannungen von natürlichen und künstlichen Mauersteinen. Dissertation, Fakultät Bauingenieur- und Vermessungswesen, Stuttgart, 1993.

Ozbolt, J.: MASA – 3D finite element program for non-linear analysis of concrete and reinforced concrete structures. Institut für Werkstoffe im Bauwesen. Stuttgart, 1999.

Ozbolt, J., Li, Y.-J and Kozar, I.: Microplane model for concrete with relaxed kinematic constraint. International Journal of Solids and Structures, 38 (2001): S. 2683–2711.

Ozbolt, J., Kozar, I., Eligehausen, R. und Periskic, G.: Instationäres 3D Thermo-mechanisches Modell für Beton. Beton- und Stahlbetonbau, 100 (2005), Heft 1: S. 39–51.

Van der Veken, P.: Werkstoffmechanische Betrachtung und numerische Simulation zur Rissentstehung an baden-württembergischen Schilfsandsteinen für den Einsatz an historischen Bauwerken. Unveröffentlichte Diplomarbeit, Universität Stuttgart, Fakultät Bau- und Umweltingenieurwissenschaften, Institut für Werkstoffe im Bauwesen (IWB), 2006.

Abbildungen

Abb. 1a und 1b: AeDis Kieferle Reiner Schmid GbR, Esslingen
Abb. 7a und 7b: M. Krüger
alle anderen Abbildungen: P. Van der Veken

Danksagung: Es wird der Firma Harald Holz, Eppingen-Mühlbach, dem Landesamt für Denkmalpflege am RP Stuttgart, der Schlossverwaltung Schloss Monrepos (Hofkammer des Hauses Württemberg) für die finanzielle Unterstützung des Projektes gedankt. Zahlreiche Anregungen und Hinweise zu der Problematik erhielten wir auch von Herrn Restaurator Albert Kieferle und Herrn Architekten Peter Reiner (Fa. Aedis) aus Möglingen und Esslingen.

Schadenserfassung und Restaurierung an der katholischen Pfarrkirche St. Bernhard in Karlsruhe

von Sonja Behrens

In diesem Beitrag wird die Herangehensweise für die Natursteinsanierungsarbeiten im Rahmen der Außeninstandsetzung der katholischen Pfarrkirche St. Bernhard in Karlsruhe vorgestellt. Das pragmatische Vorgehen beginnt mit der maßnahmenorientierten Schadenskartierung und der Recherche zum Steinmaterial. Beim Sanierungskonzept des ca. 85 m hohen neogotischen Steinturms steht im oberen Bereich die Verkehrssicherheit bei der Behebung der durch Korrosion verursachten Schäden im Vordergrund. In den reicher dekorierten Bereichen im unteren Teil des Turms soll dagegen konservatorischer gearbeitet werden.

1. Einleitung

Die 1902 geweihte katholische Pfarrkirche St. Bernhard in Karlsruhe wurde im neogotischen Stil aus rotem Sandstein errichtet. Bis es zu dem heutigen Entwurf von Max Meckel gekommen ist, musste fast ein halbes Jahrhundert vergehen.

Nach dem Bau der ersten katholischen Kirche St. Stephan von Friedrich Weinbrenner wuchs die katholische Gemeinde in der ursprünglich protestantischen Residenzstadt Karlsruhe so stark an, dass Mitte des 19. Jahrhunderts eine weitere Kirche erforderlich wurde. Ein erster Entwurf von Heinrich Hübsch mit einer zentralen Kuppel wurde 1853 als zu teuer abgelehnt. Erst als 1888 nach dem Ende des Kulturkampfes und mit dem erhöhten Steueraufkommen ein Kirchenneubau möglich schien, brachte Großherzog Friedrich durch sein Geschenk des Grundstücks an die Gemeinde den Stein ins Rollen. Dabei ging es dem Großherzog um weit mehr als nur einen neuen Kirchenbau, was seine Bedingungen unterstrichen. Bei dem Grundstück handelte es sich um eine äußerst repräsentative Lage in Verlängerungen der Kaiserstraße am Durlacher Tor. Daher war es nicht verwunderlich, dass er zum einen den Baubeginn innerhalb der nächsten fünf Jahre verlangte und zum anderen der Entwurf an dieser städtebaulich so wichtigen Kreuzung seiner Genehmigung bedurfte.

Weil die Zeit drängte, sollte schließlich jemand beauftragt werden, der ein wahrer Meister des gotischen Stils im Kirchenbau war. 1892 wurde Max Meckel, der seit kurzem die kommissarische Leitung des Erzbischöflichen Bauamtes in Freiburg innehatte, mit dem Entwurf und Bau einer frühgotischen Kirche beauftragt.

Trotz des Einsturzes seiner ersten eigenen Kirche, der St. Michaelskirche in Damm bei Aschaffenburg, schaffte er es in den folgenden Jahren, sich durch weitere Kirchenbauten und erfolgreiche Wettbewerbe, wie die Neugestaltung der Dreigiebelfassade des Frankfurter Römers, den Ruf als einer der fähigsten neugotischen Architekten im Deutschen Reich und Kenner mittelalterlicher Baukunst zu erarbeiten [1].

Daher ist es nicht verwunderlich, dass ausgerechnet er den Auftrag für St. Bernhard bekam. Sein ursprünglich mit Putzflächen vorgesehener Entwurf wurde vom Großherzog angenommen, allerdings sollte alles in Stein ausgeführt werden. Etwas anderes würde an dieser Stelle nicht repräsentativ genug wirken. Die erheblichen Baukosten von ca. 700.000 Mark wollte die Gemeinde durch die Erhebung einer örtlichen Kirchensteuer finanzieren.

Der Entwurf sah ein dreischiffiges Langhaus mit einem Querhaus, Chor, Chorumgang und der Sakristei in der Verlängerung des Chors vor. Zur Betonung der Achse von der Kaiserstraße wurde der Kirche ein zentraler Turm im Westen vorgelagert.

Der ca. 85 m hohe, vollständig aus Stein hergestellte Turm ist ungefähr so hoch wie das Kirchenschiff lang ist. Die Monumentalität der Pfarrkirche wird noch durch den künstlich aufgeschütteten zwei Meter hohen Hügel hervorgehoben [1].

Die Innenausstattung zog sich lange hin und wurde schließlich nicht vollständig ausgeführt.

Der Turm blieb von Kriegsschäden weitgehend verschont, das Kirchenschiff erhielt nach einem Notdach schließlich erst wieder 1972 die ursprüngliche Dachform als Stahlkonstruktion zurück [2].

2. Gründe für die Sanierung und Aufgabenstellung

Weil in den vergangenen Jahren immer wieder Steinstücke herabfielen, war eine Instandsetzung der Natursteinfassaden unumgänglich. Nach ersten Sicherungsmaßnahmen wurde vom Erzbischöflichen Bauamt im Auftrag der Gemeinde die Schadenskartierung, Maßnahmenplanung, Kostenberechnung und Baubetreuung ausgeschrieben. Nachdem mein Büro den Auftrag erhalten hatte, konnten die Voruntersuchungen im Sommer 2005 beginnen. In einem ersten Abschnitt wurden die Schäden am Turm kartiert (Abb. 1), die Maßnahmen mit dem Denkmalamt abgestimmt und die Kosten berechnet. Anschließend wurden die Arbeiten ausgeschrieben. Am 16. Januar 2006 haben die Steinsanierungsarbeiten am Turm begonnen.

Parallel dazu wurde bereits der zweite Teil, das Kirchenschiff untersucht; die Abstimmung der Maßnahmen mit dem Denkmalamt erfolgte anschließend.

Als Grundlage für die Kartierung und Maßnahmenplanung dienen Fotogrammetrien im Maßstab 1:50. Weil nicht sicher ist, wie stabil das Gelände um die Kirche herum ist und die größeren Hubsteiger recht schwer und teuer sind, wurde das mittlere Drittel des Turms (ca. 30–53 m) bereits für die Kartierung eingerüstet. Der untere Teil (bis ca. 30 m) wurde vom Hubsteiger aus untersucht, der Turmhelm (bis ca. 85 m) wurde bisher ausgelassen. Für die Kartierung des Kirchenschiffs konnten ebenfalls kleinere Hubsteiger eingesetzt werden.

Dieses Vorgehen mit einer Teileinrüstung hat sich auch in Bezug auf eine dringend erforderliche Notsicherung der Fialen und Brüstungen als sinnvoll erwiesen.

3. Schäden und deren Kartierung

Die Pfarrkirche wurde vor ca. 100 Jahren innerhalb von 6 Jahren gebaut und blieb danach, bis auf einige Nachkriegsreparaturen, von Umbaumaßnahmen verschont. Daher gibt es kaum Plan- oder Materialänderungen, so dass wir es mit einer sehr einheitlichen Steinfassade zu tun haben [3]. Eine

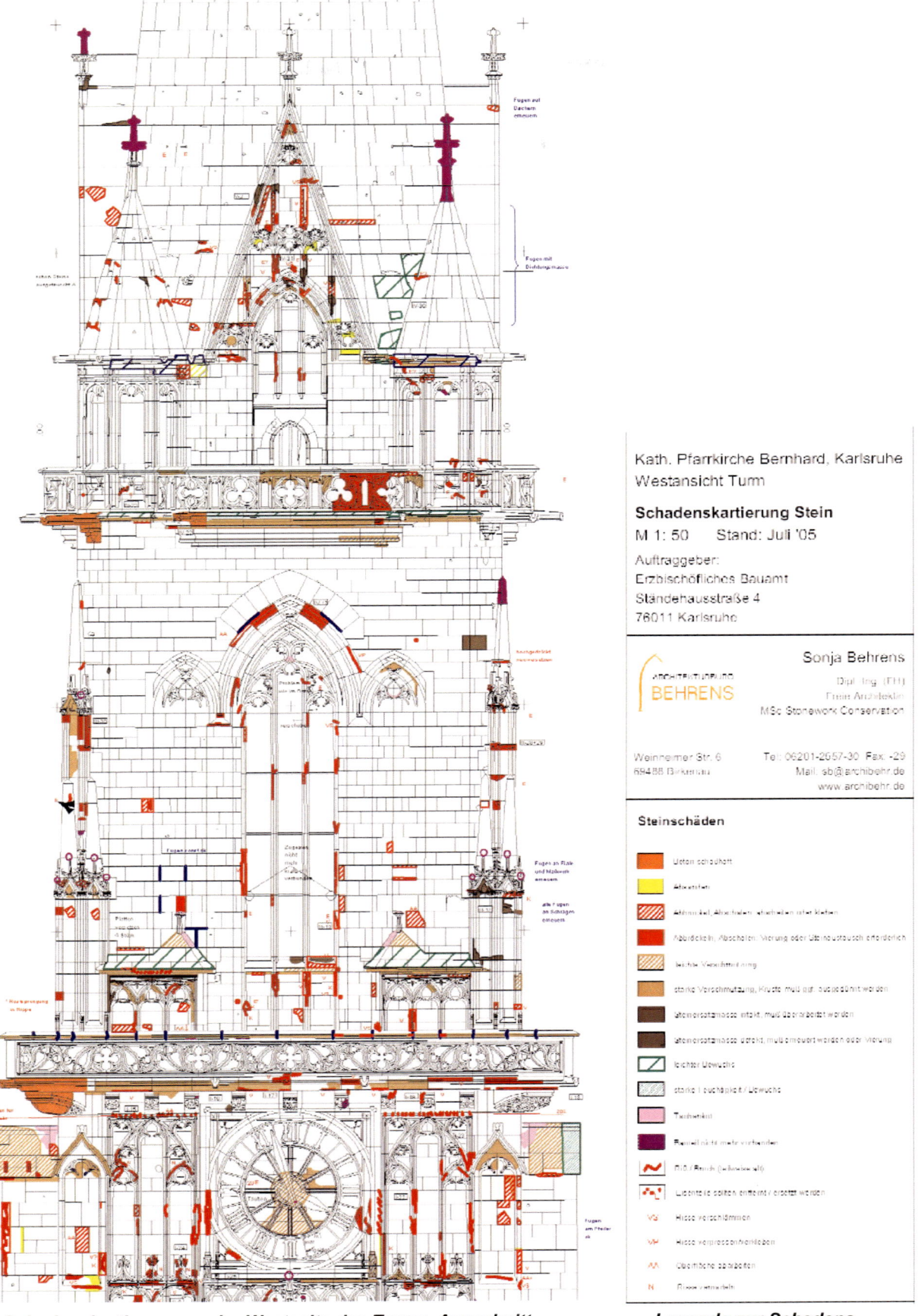

Abb. 1: Schadenskartierung an der Westseite des Turms, Ausschnitt zwischen ca. 25–50 m Höhe. Übertragung der Schäden in die fotogrammetrischen Bestandspläne des Ingenieurbüros Fischer, Müllheim.

Legende zur Schadenskartierung.

Abb. 2: Vorgeblendete Rippen im Giebel am Helmansatz. In der linken Rippe sind Längsrisse zu erkennen, die auch als Lagerrisse gedeutet werden können (vielleicht trifft es sogar ebenfalls zu?). An dem Ausbruch rechts oben ist allerdings erkennbar, dass wohl eher die Korrosion eines Eisendübels als das Lager den Stein auseinander getrieben hat. Rechts unten ist die Ausbruchstelle in der Vergangenheit mit einem Antragmörtel repariert worden. Die ignorierte Fuge läuft eigentlich wie bei der linken Rippe.

Abb. 3: Horizontalfuge in der Mitte einer Fiale. Rostsprengung und Auflagern des Steins erforderten bereits in der Vergangenheit Reparaturen mit Mörtel. Deutlich zu erkennen ist die weit auseinander gedrückte Fuge und das schräge Halteeisen. Durch die Expansion während der Korrosion wurde nicht nur das Eisen, sondern auch die ganze Fiale hochgedrückt.

Kartierung unterschiedlicher Bauphasen und Materialien ist ebenso wenig erforderlich wie die Berücksichtigung solcher Unterschiede bei der Sanierung (für die beiden bekannten verwendeten Steinmaterialien werden natürlich entsprechend unterschiedliche Reparaturmaterialien verwendet).

Als Schadensbilder zeigen sich außer den üblichen Krusten, Verschmutzungen und offenen Fugen insbesondere Schäden durch Korrosion und das Auflagern des für die Architekturteile verwendeten Steins.

Dabei ist vor allem am Turm das Ausmaß der Schäden durch rostende Eisenstücke erheblich. Sämtliche Steine wie Rippen, Maßwerk und Brüstungen mit Ausnahme der normalen Quadersteine im Mauerwerk scheinen mit Eisenklammern oder Dübeln gesichert zu sein. Besonders auf der Wetterseite im Westen haben rostige Klammern und Dübel zu zahlreichen Rissen, Absprengungen und teilweise einem Anheben der Konstruktion geführt.

Während man den einen oder anderen Riss zu Beginn der Kartierung noch als Lagerriss registriert hat, wurde man nach und nach eines Besseren belehrt.

So sind an den vorgeblendeten Rippen an den Wimpergen am Turmhelmansatz sämtliche Stadien der Schädigung ablesbar. Manche Rippen sind intakt, einige weisen Längsrisse auf, die man durchaus für Lagerrisse halten könnte, doch daneben ist bereits eine Ecke herausgesprengt worden und gibt den Blick auf einen Eisendübel frei. Die jüngste Schadensphase sind die bereits mit Mörtel geschlossenen Ausbruchstellen. Nach näheren Untersuchungen sind sie meistens über die Fugen hinweg gearbeitet, manchmal mit Bewehrungsstahl armiert und manchmal nicht. Der Antragmörtel besteht aus zwei Schichten: der Kern ist sehr betonähnlich und nur die äußeren Millimeter wurden mit einem rosafarbenen feinen Mörtel überarbeitet (Abb. 2).

Zunächst kaum wahrnehmbar war ein horizontaler Spalt in der Fuge von 1–2 mm am Fuß der ca. 6 m hohen Fialen zu erkennen. Auch hier konnte man zunächst annehmen, dass der Mörtel geschrumpft war oder absandete, aber er machte einen völlig intakten Eindruck. Uns blieb am Ende nur die bittere Annahme, dass es wohl korrodierte Eisen sein müssen, die die auflastende Fiale insgesamt sicherlich im Zentimeterbereich (bei jeder Horizontalfuge wiederholte sich dieses Bild) angehoben hatten (Abb. 3).

Auch diese Erkenntnis reifte nach der Beobachtung der Schäden an den Pavillondächern (Abb. 4). Die Horizontalfugen wurden in der Vergangenheit bereits mit einer vermeintlich dauerelastischen schwarzen Masse abgedichtet. Die Flanken waren jedoch an vielen Stellen abgerissen und auch hier schienen die Fugen auseinandergedrückt zu sein. Die Ursache war allerdings gleich nebenan sichtbar, wo abgeplatzte Steinecken den Blick auf rostige Eisenklammern freigaben (Abb. 5). Die Eisenklammern in jeder Horizontalfuge haben wohl die Aufgabe, die Steine in den einzelnen Schichten wie ein Ringanker zusammenzuhalten.

Außerdem ist an der gesamten Fassade zu erkennen, dass zahlreiche filigrane Zierelemente bereits abgenommen wurden oder abgefallen sind. Hier war es vermutlich die Kombination von den äußerst kleinen Steinquerschnitten, die mit relativ dicken Eisendübeln gesichert werden sollten und dem schlechten Steinmaterial, die die Haltbarkeit teilweise nur auf 15 Jahre reduzierte. Bereits 1916 mussten erste Teile am Turm erneuert werden.

Das zweite große Schadensbild geht auf das offenbar ungeeignete Steinmaterial bzw. dessen teilweise mangelhafte Qualität zurück. Für die Zierelemente wurde der relativ weiche Pfalzburger Vogesensandstein verwendet. Das Material ist ton- und glimmerhaltig und lagert stark auf. Dabei befinden sich die hellen Flecken in dem rotbraunen Material in einem auffällig schlechteren Zustand als der restliche Stein. Besonders deutlich werden diese Schäden an den Wimpergen des Querhauses. Obwohl die Steine im Lager verbaut worden sind, werden sie an den Glimmerschichten in der Nähe der hellen Flecken immer wieder einige Millimeter auseinander gedrückt. Auch die Tropfkanten sind auffallend häufig an den helleren Stellen abgebröckelt (Abb. 6).

Besonders dramatisch ist das Schadensbild an einigen Maßwerkbrüstungen, sowohl am Turm als auch an der relativ geschützten Sakristei im Osten. Die

Abb. 4: Pyramidenförmiges Dach des NW-Eckpavillons. Die Horizontalfugen sind trotz der schwarzen dauerelastischen Fugenabdichtung offen. Überall sind Steinecken abgeplatzt.

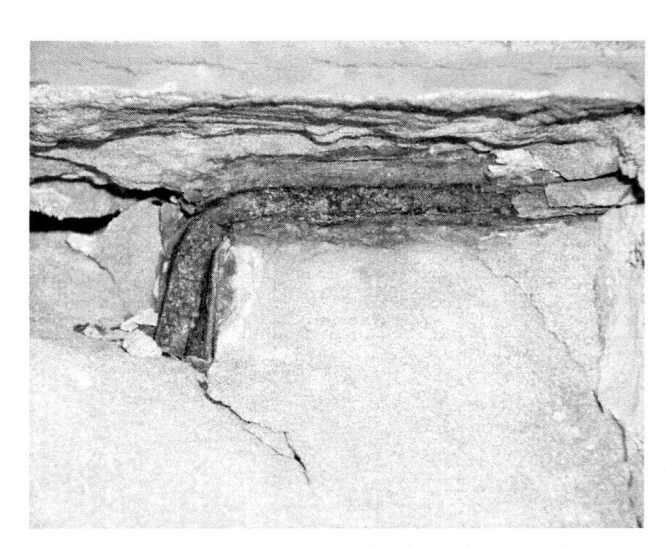

Abb. 5: Detailaufnahme des Pavillondaches. Gut zu erkennen sind die korrodierten Eisenklammern in den Horizontalfugen. Durch die Expansion wurden nicht nur die Steinecken horizontal weggedrückt, sondern auch die darüber liegenden Steinschichten pro Lage um einige Millimeter angehoben.

Abb. 6: Wimperg am Querhaus. Obwohl die Steine im Lager eingebaut worden sind, wurden sie an manchen Glimmerschichten einige Millimeter auseinander gedrückt. Auffallend sind die starken Oberflächenverwitterungen im Bereich der hellen Schichten. Hier ist die schlechte Steinqualität auch die Ursache für die abgebröckelten Tropfkanten.

Schäden reichen von Lagerrissen über bereits abgescherte Schalen bis zur völligen Zermürbung des Steins. Eine größere Sanierungsmaßnahme steht uns daher an der SO-Ecke am unteren Balkon bevor: hier sind beide Brüstungselemente sowie die Balkonplatte mitsamt dem Wasserspeier an der Ecke zu erneuern (Abb. 7).

An der stark bewitterten Westfassade des Turms und den zierlichen mit großer Oberfläche versehenen Rippen des Schleierwerks lagert der Stein stark auf (Abb. 8). Einige besonders filigrane Kreuzblumen auf dem Baldachin des Heiligen Bernhard sind so stark aufgebröckelt, dass sie erneuert werden müssen. Hinzu kommt natürlich das Problem, dass bei den Architekturteilen aufgrund der Form das Lager nicht immer überall gleichermaßen berücksichtigt werden kann.

Durch die Einheitlichkeit der Kirchenhülle und den damit verbundenen klaren Schadensbildern war es möglich, im Zuge der ersten Kartierung eine maßnahmenorientierte Schadenskartierung vorzunehmen. Dabei wird über den eigentlichen Schaden hinaus bereits eingeschätzt, welche Reparaturmaßnahmen erforderlich werden. Es muss sofort beurteilt werden, ob es sinnvoll ist, einen Riss zu vernadeln oder nur zu kleben oder ob doch ein Stück herausgeschnitten werden muss, um an die Ursache, ein rostiges Eisen, zu gelangen. Dabei kann natürlich angesichts der geringen Zeit für die Beurteilung und in Ermangelung der Möglichkeit, in den Stein hineinzuschauen, nicht überall die endgültige Lösung angegeben werden. Manchmal bedarf es erst dem Herausarbeiten durch den Steinmetz, um den Schaden vollständig erfassen zu können.

Aber angesichts des großen Umfangs der Schäden hat sich diese Methode unter Abwägung des Kosten-Nutzen-Verhältnisses als ausreichend genau erwiesen.

Mit der Übertragung der Schäden in die Fotogrammetrien am Computer werden sie sofort in die entsprechenden Gruppen aufgeteilt, die für die Mengenermittlung, Kostenberechnung und Ausschreibung erforderlich sind. Mit der entsprechenden Software können anschließend die Stückzahl, Flächen etc. zusammengestellt werden.

Abb. 7: Maßwerkbrüstung und Balkonplatte des unteren Balkons an der SO-Ecke. Die Steine der Brüstung und Balkonplatte sind trotz älterer Mörtelreparaturen so stark zerstört, dass die Tragfähigkeit in Frage gestellt ist und sie daher erneuert werden müssen. Der auskragende Wasserspeier an der Ecke ist bereits abgängig. Die notdürftige Reparatur dürfte das Wasser wohl kaum noch von der Fassade fernhalten. Außer einer Notsicherung gegen herabfallende Steinstücke wird diese Ecke bis zu ihrer Reparatur zusätzlich durch ein Gerüst unterstützt.

Abb. 8: Schleierwerk an der Westseite nahe der Turmuhr. Überall lagern die zierlichen Rippen auf. Um möglichst viel Originalsubstanz zu erhalten, sollen sie gesichert werden. Zudem würden sich Vierungen als äußerst schwierig gestalten, weil manche Teile einbinden und damit auch statische Funktionen übernehmen.

4. Steinmaterial

Erfreulicherweise ist das verwendete Steinmaterial in Quellen gut dokumentiert, so dass wir uns bisher aufwändige Untersuchungen sparen konnten. So wurde für die Mauerflächen der hellrote Weidenthäler Sandstein aus den Brüchen der Pfälzischen Eisenbahn verwendet. Über die Entscheidung zum Stein für die Architekturteile gibt es folgendes Zitat: *„Wir bemerken dabei, dass Herr Baudirektor Meckel dem Vogesensandstein vor dem gleichfalls zur Wahl gestellten Mainsandstein glaubte den Vorzug geben zu sollen, da derselbe bei gleicher Wetterbeständigkeit für die erforderlichen feinen Profilierungen geeigneter sei und im Zusammenhalt mit den Weidenthaler Steinen eine günstigere Farbenwirkung als der Mainsandstein vorgaben. Dazu kommt, dass die Ausführung der Steinmetzarbeiten im Mainsandstein einen Mehraufwand von 5.300 M verursacht hätte."* Zur Rechtfertigung wurde noch das Beispiel des Straßburger Münsters genannt, das aus dem Vogesensandstein schließlich schon seit 600 Jahren bestehen würde. Lediglich für die am stärksten exponierte Kreuzblume an der Turmspitze in 80 m Höhe wurde ein Mainsandstein verwendet.

Die offenbar falsche Einschätzung der Steinqualitäten zeigte sich wie oben beschrieben bereits 16 Jahre später [3]. Bei dem Pfalzburger Vogesensandstein handelt es sich um einen Handelsbezeichnung für einen Voltziensandstein, einen Oberen Buntsandstein aus dem Nordelsaß. Es gibt ihn übrigens auch in einer hellgrauen Färbung.

Die technischen Kenndaten des Weidenthäler Steins wurden erfreulicherweise bereits im Natursteinkataster der Pfalz vom Institut für Steinkonservierung anhand von zwei Probewürfeln ermittelt [4]. Es handelt sich um einen Mittleren Buntsandstein aus den Trifelsschichten. Daraus ergibt sich, dass als Ersatz ein Schweinstäler Sandstein aus der gleichen Schicht in Frage kommt. Ein vergleichbares Material wird heute bei Kaiserslautern abgebaut. Dieser Stein soll aufgrund seiner besseren Beständigkeit auch für durch Fugen getrennte Neuteile verwendet werden, wie z. B. die Maßwerkbrüstungselemente.

Als Ersatzmaterial bei Vierungen für den Vogesensandstein müssen wir auf ein vergleichbares Material zurückgreifen, auch wenn wir befürchten, dass es wieder nicht sehr witterungsbeständig ist. Wir werden versuchen, die Beständigkeit durch die Auswahl von gutem Kernmaterial zu verbessern. Der Adamswiller Sandstein kommt aus der gleichen Gegend und entspricht optisch sehr gut dem Bestand. Weil jedoch die Werte des verwendeten Pfalzburger Vogesensandsteins nicht bekannt sind, werden diese noch einmal in Hinblick auf die Wasseraufnahme und das Quellverhalten aktuell im Labor geprüft und mit dem Adamswiller verglichen. Die Laborergebnisse konnten bestätigen, dass der Adamswiller Sandstein nicht nur optisch, sondern auch von den untersuchten Werten her sehr gut zum Originalmaterial passt.

5. Maßnahmen zur Sanierung

Zusammen mit dem Denkmalamt haben wir uns auf das folgende Sanierungskonzept für die wesentlichen oben genannten Schäden verständigt. Auch wenn wir wissen, wo überall Eisendübel oder Klammern in den Zierelementen verbaut wurden, werden nur die ausgebaut, deren Korrosion bereits zu Schäden geführt hat. Dabei steht im oberen Teil des Turms die Verkehrssicherheit an erster Stelle. Aufgrund der großen Höhe und den damit verbundenen teuren Gerüstkosten soll hier das nächste Sanierungsintervall so weit wie möglich nach hinten geschoben werden. Daher kommen nur Maßnahmen zum Einsatz, auf deren Haltbarkeit für die

Abb. 9: Blick in das zur Hälfte abgebaute NW-Pavillondach. Links sind die Originalsteine mit sauberer Oberflächenbearbeitung zu erkennen. Die grob behauenen Bossen rechts sind Nachkriegsreparaturen. Die Horizontalfuge ist zwar noch nicht gesäubert, aber man kann erahnen, wie ungleichmäßig sie ist und wie schwierig der Wiedereinbau von Edelstahlklammern wäre.

nächsten Jahrzehnte Verlass ist, vorzugsweise also Vernadelungen und Vierungen.

Je weiter unten saniert wird, desto konservatorischer kann gearbeitet werden. Insbesondere die Lagerrisse im Schleierwerk sollen geschlossen werden, um die Bauzier möglichst original zu erhalten. Im Bereich der unteren 30 m können diese Maßnahmen später leichter überprüft und gegebenenfalls aufgefrischt werden.

Im mittleren Teil des Turms stellen die Fialen das Hauptproblem dar. Diese sollen abgebaut, geviert und die Halteeisen, Klammern und Dübel beim Wiederaufbau durch Edelstahl ersetzt werden. Ältere Antragungen werden auf ihre Haltbarkeit und ihren mittlerweile historischen Wert geprüft. Gleiches gilt für die Pavillondächer. Beim Abbau des am stärksten beschädigten nordwestlichen Pavillondaches sind wir auf der Suche nach einer neuen Lösung zur Lagesicherung der Steinschichten. In dem im 2. Weltkrieg beschädigten Dach wurden offenbar nur vereinzelt Steine erneuert. Die Originalschale des Steindaches ist nur ca. 15–20 cm dick und sogar innen fein scharriert. Die erneuerten Steine wurden nur außen behauen, die groben fast doppelt so tiefen Bossen ragen nach innen in den Helm hinein. Zur besseren Lastabtragung wurden sie mit Kalksandsteinen untermauert und mit Zement ausgegossen. Offenbar wurden beim Einschieben der neuen Steine die gebogenen Enden der bestehenden Eisenklammern gekappt. Die Ringankerwirkung wurde dadurch aufgehoben. Das Bild beim Abbau dieses Daches war erschreckend (Abb. 9). Durch

Abb. 10: Basis einer abgebauten Fiale. Die korrodierten Eisenklammern in der Mitte sind verantwortlich für das Anheben der darüber liegenden Konstruktion. Sämtliche zierlichen Dekorationen an den Spitzen der Bauzier sind verloren gegangen. Die Ausbruchstellen von den ehemaligen Verbindungsdübeln aus Eisen wurden mit Mörtel geschlossen.

Abb. 11: Detail einer Eisenklammer in der Basis der abgebauten Fiale. Durch die Korrosion ist der Querschnitt der Klammer ca. auf das Doppelte aufgequollen. Alle Eisenverbindungen in den Fialen wurden ausschließlich in Kalkmörtel eingesetzt.

die zahlreichen von den rostigen Klammern abgesprengten Steinecken und die unförmigen Ersatzsteine ist keine glatte und gerade Horizontalfuge mehr vorhanden. Um neue Klammern aus Edelstahl einzubauen, müssten zunächst sehr viele Vierungen eingebaut werden, damit überhaupt genügend Material zum Befestigen vorhanden wäre. Aus diesem Grund erwägen wir den Einbau eines Edelstahlbandes, welches an den stabilen Steinstücken befestigt werden kann. Außerdem wird hier über eine besonders gute Fugenabdichtung mit einem speziellen Mörtel nachgedacht.

Die leider bisher schon verloren gegangene, teilweise sehr filigrane Bauzier soll nur dort wieder hergestellt werden, wo sie rekonstruierbar und von unten wahrnehmbar ist. Dazu zählen beispielsweise die Kreuzblumen am Helmansatz, von denen noch einige Fragmente auf dem Balkon liegen. Die Stücke sollen, so weit es möglich ist, unter Verwendung von Vierungen wieder zusammengesetzt werden. Nicht mehr vorhandene Kreuzblumen sollen nach Vorlage des Originals neu hergestellt werden. Anders verhält es sich mit den zahlreichen winzigen Spitzen und Krabben an den Fialen. Da keine von den kleinen Spitzen mehr vorhanden ist und als Vorbild dienen könnte und diese Teile auch von unten nicht wahrgenommen werden, sollen sie nicht ersetzt werden. Das ist zwar traurig, aber ehrlicher als eine Vierung, die etwas vortäuscht, was gar nicht belegt ist. Dabei stellt sich auch die Frage, ob diese Teile nicht ursprünglich ohnehin viel zu zierlich ausgelegt waren. Schließlich steht St. Bernhard in einer der Hauptwindachsen von Karlsruhe.

Abb. 12: Mittelstück einer abgebauten Fiale. Auffällig sind die unterschiedlich dicken Eisendübel, hier ca. 3 cm und deren kurze Einbindung in das Werkstück. Gut erkennbar sind die in vier Richtungen laufenden Risse, vom korrodierten Dübel ausgehend. Die Ecke links ist an einer Glimmerschicht abgeschert.

6. Konstruktive Details

Beim Abbau der Fialen und den zu erneuernden Brüstungselementen wurde festgestellt, dass sämtliche Eisendübel und Klammern sowie auch die Steine in einem Kalkmörtel versetzt wurden. Dies erklärt zweifellos die extremen Schäden durch Korrosion. Die Basen der Fialen bestehen aus zwei Werkstücken, deren vertikale Fuge auf der Oberseite (in der Horizontalfuge) mit zwei Eisenklammern zusammengehalten wird. Durch die Expansion des Eisens bei der Oxidation auf mindestens den doppelten Querschnitt wurde die gesamte sechs Meter hohe Fiale angehoben (Abb. 10 und 11).

Auffallend sind die Eisendübel zwischen den einzelnen Werkstücken der Fialen: die Querschnitte sind unterschiedlich stark (2–3 cm) und auch die ausgesprochen kurzen Einbindelängen variieren zwischen 4–8 cm (Abb. 12).

Nur zwischen den Maßwerkbrüstungen und den Abdecksteinen an den Balkonen wurden die stumpf gestoßenen Fugen mit Blei ausgegossen. Zur besseren Stabilität sind die Schnittflächen aufgeraut bzw. vertieft. Nur die äußeren Brüstungselemente des oberen Balkons sind mit einer seitlichen Nut- und Federkonstruktion versehen, in diesem Fall mit Zement ausgefüllt (eventuell nachträglich?). Am Boden sind die Brüstungselemente mit zwei Dollen gesichert; auf der Oberseite, von den Abdecksteinen verdeckt, werden sie durch Eisenklammern zusammengehalten. Schließlich wurden die Abdecksteine, ebenfalls als Nut- und Federkonstruktion an der Unterseite, auf der Oberseite mit Klammern verbunden. Diese wie auch die Vertikalfugen sind mit Blei vergossen (Abb. 13).

Bei der eigenwilligen Verwendung des Bleis wundert es dann umso mehr, dass offenbar doch einige Dübel an Kreuzblumen und schlanken Fialen eingebleit waren (Abb. 14). Da diese Teile vermutlich wegen der schlechten Steinqualität oder dem ungeeigneten Verhältnis von Eisenquerschnitt zum Steinquerschnitt abgängig sind, kann der Bleimantel überhaupt nur gesehen werden. Was die Verwendung des Bleis an diesen Stellen erklären könnte, sind vielleicht die frühen Reparaturen dieser Bauteile. Bereits 1916 werden im Kirchenführer erste Bauschäden am Turm erwähnt, so dass Krabben, Kreuzblumen und Fialen erneuert werden mussten. 1925 wird ähnliches über die vier großen Fialen berichtet. Auch die Kreuzblumen auf der Sakristei mussten aufgrund der großen Schäden nach nur wenigen Jahrzehnten abgenommen werden.

7. Bewertung der konstruktiven Qualität

In der Veröffentlichung von Dr. Werner Wolf-Holzäpfel „Der Architekt Max Meckel – Studien zur Architektur und zum Kirchenbau des Historismus in Deutschland" wird das Werk des Architekten und Kirchenbaumeisters gelobt [1]. Ich möchte diesem Lob im kunsthistorischen Bereich nicht widersprechen. Allerdings erlaube ich mir, folgende Fragen zu stellen: Wenn Max Meckel ein so guter Kenner der mittelalterlichen Gotik war, warum ist er dann bei seiner eigenen Kirche von dem wirkungsvollen Einbleien der Eisen abgerückt? War dies ein allgemeiner Zeittrend? Auch Heinrich Hübsch hat beispielsweise die Eisendübel in den Säulen vom Westwerk des Speyerer Doms nicht eingebleit. Wie kam er dazu, sich ausgerechnet für

Abb. 13: Oberer Balkon mit ausgebautem Brüstungselement. Die Brüstungen wurden auf Eisendübel gesetzt, seitlich stumpf gestoßen und auf der Oberseite durch Klammern zusammengehalten. Damit das Blei in den Horizontalfugen besseren Halt bietet, wurden die Schnittflächen aufgeraut. Die Abdecksteine wurden in Kalkmörtel mit einer Nut- und Federkonstruktion aufgesetzt und ebenfalls untereinander verklammert.

Abb. 14: Eingebleite Eisenstücke sind nur vereinzelt wie hier auf einem Wasserschlag zu finden. Allerdings hat es hier auch nichts genützt, die zierliche Fiale ist abgängig. Möglicherweise stammt das Blei aus der ersten Reparaturphase um 1916.

einen für die filigrane Konstruktion nur bedingt geeigneten Stein wie den Vogesensandstein zu entscheiden? Schließlich gab es am Straßburger Münster, das damals als positives Beispiel für die Steinauswahl aufgeführt wurde, bereits vor 100 Jahren Reparaturen.

Nur vereinzelt sind Bleireste an bereits abgängigen Fialen zu erkennen. Aber auch hier schien das Verhältnis des Steinquerschnitts zu dem des Eisendübels nicht ideal gewählt worden zu sein. Blei gibt es außerdem rund um die Klammern, die die Brüstungsabdeckung zusammenhalten. Hier ist es auch nicht zu Schäden durch Korrosion gekommen. Allerdings kann nicht gesagt werden, ob dieses Blei bauzeitlich ist oder erst bei einer späteren Sanierung hinzugekommen ist. Ebenfalls mit Blei geschlossen sind die Fugen im Maßwerk, die als original anzusehen sind. Das heißt also, dass der Baustoff Blei immer noch gebräuchlich war. Nur schien man dessen sinnvolle Anwendung nicht mehr für nötig gehalten zu haben.

Vielleicht ist aber auch „Pfusch am Bau" vor 100 Jahren die Ursache für die Schäden heute. Es ist bekannt, dass die ausführende Firma sich wohl verkalkuliert hatte. Immer wieder kam es zu Verzögerungen beim Bauen; 1897 musste der Bau wegen Beanstandung des Steinmaterials unterbrochen werden. Bis zum Ende kam es immer wieder zu Streitigkeiten mit der Baufirma, die schließlich in einem Vergleich endeten [3].

Es ist also gut vorstellbar, dass die Firma bei jeder Gelegenheit gespart hat, vielleicht auch am Blei und am Steinmaterial, jedenfalls nicht an den Eisenstücken.

8. Zusammenfassung

Nach der maßnahmenorientierten Schadenskartierung der katholischen Pfarrkirche St. Bernhard stehen wir im Frühjahr 2006 mit den Steinsanierungsarbeiten am Turm noch relativ am Anfang. Daher beziehen wir uns in diesem Beitrag hauptsächlich auf die Kartierung der Schäden und die Schäden selbst und konnten noch nicht allzu viel über die Restaurierungsmaßnahmen berichten.

Beeindruckend und erschreckend zugleich sind die Schäden und deren Ausmaß. Dies verlangt eine schwierige Gratwanderung zwischen präventiven Maßnahmen und konservatorischem Substanzerhalt. Einerseits wäre man erst dann beruhigt, wenn alle Eisen, die rosten können, ausgebaut wären, andererseits würde das den Neubau ganzer Fassadenabschnitte bedeuten, was bei einem Baudenkmal nicht zielführend wäre und auch dem Bauherrn nicht zumutbar wäre.

Gleichzeitig werden die geschichtlichen Hintergründe zum Bau und Baumeister des heute bedeutenden Baudenkmals im neogotischen Stil durchleuchtet. Zusammen mit den aktuellen Befunden entsteht ein umfassendes Bild des Gebäudes. Letztendlich lassen sich die heutigen Schäden vielleicht nur anhand der dokumentierten Probleme auf der Baustelle mit der ausführenden Baufirma erklären. Von einem renommierten Architekten wie Max Meckel würde man ohne diese bauzeitlichen Umsetzungsschwierigkeiten eine bessere Ausführungsqualität und Langlebigkeit erwarten.

Literatur

[1] Werner Wolf-Holzäpfel: Der Architekt Max Meckel (1847–1910) – Studien zur Architektur und zum Kirchenbau des Historismus in Deutschland. Materialien zu Bauforschung und Baugeschichte. Institut für Baugeschichte der Universität Karlsruhe und Südwestdeutsches Archiv für Architektur und Ingenieurbau: 10. Kunstverlag Josef Fink, 2000.

[2] Katholische Pfarrgemeinde St. Bernhard, Pfarrer Klaus Rapp: 100 Jahre Pfarrkirche und Pfarrgemeinde St. Bernhard in Karlsruhe 1901–2001/2002. Karlsruhe: Badenia Verlag.

[3] Heinrich Schillinger (Gemeindemitglied): 100 Jahre St. Bernhard, Karlsruhe, Datenbank zur Chronik „Bau der Kirche" und Quellenauswertung zum Steinmaterial und zu den Schäden; als Quellen dienten die Kirchenführer, sowie die Sammlung und Akten des Pfarrarchivs; Stand 15. 05. 2005.

[4] Astrid Wenzel und Friedrich Häfner: Die roten Werksandsteine der Westpfalz. IFS-Bericht Nr. 15, 2003.

Abbildungen

Abb. 1: Fotogrammetrie: Ingenieurbüro Fischer, Photogrammetrie + Vermessung, Müllheim

alle anderen Abbildungen: Sonja Behrens, Birkenau

Konservierung einer spätklassizistischen Putzfassade in Reutlingen (Villa in der Gartenstrasse)

von Andreas Menrad

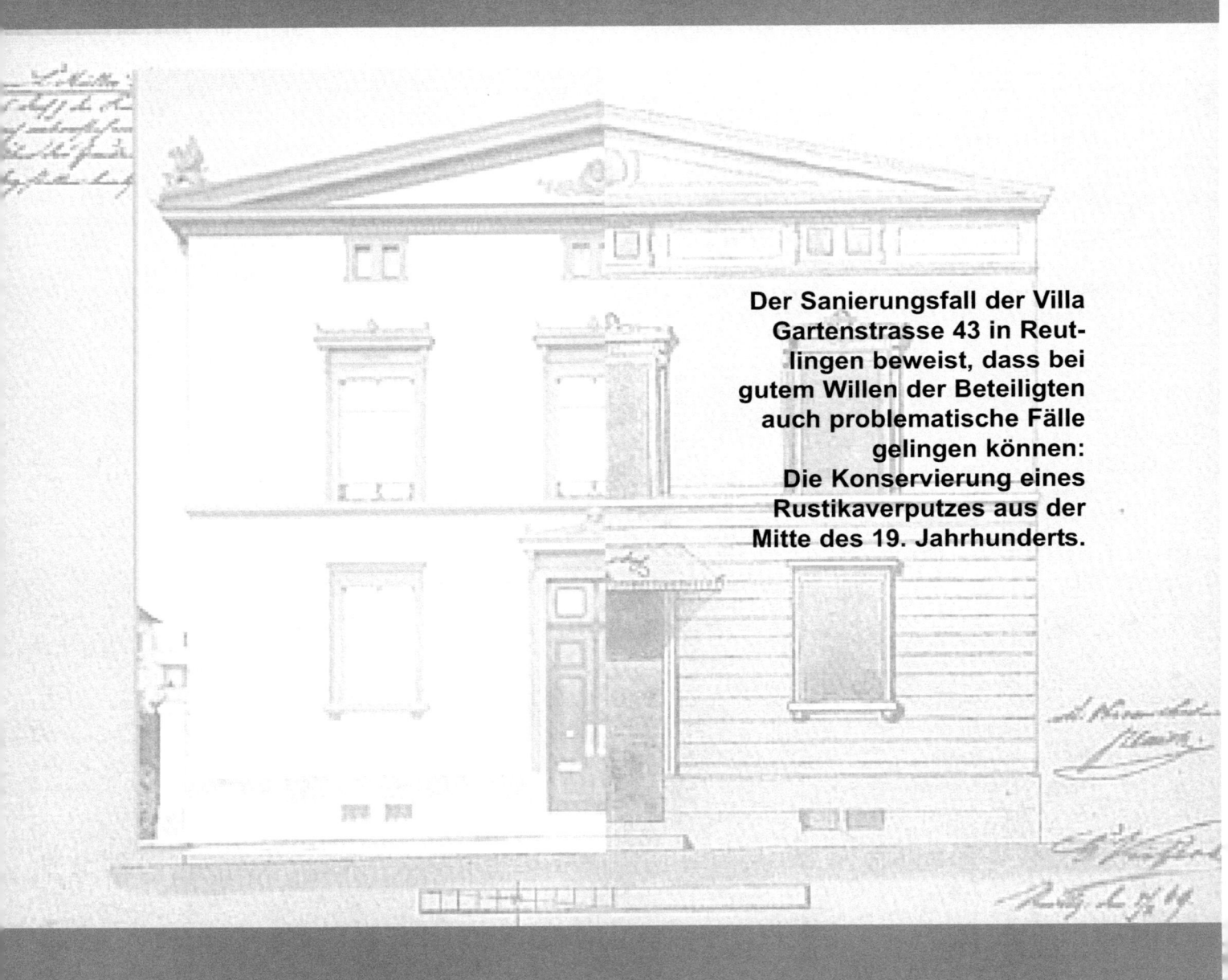

Der Sanierungsfall der Villa Gartenstrasse 43 in Reutlingen beweist, dass bei gutem Willen der Beteiligten auch problematische Fälle gelingen können: Die Konservierung eines Rustikaverputzes aus der Mitte des 19. Jahrhunderts.

Die Villa wurde in den Jahren 1853–55 von einem Bankier in einem der damals vornehmsten außerstädtischen Gebiete erbaut und stellt sowohl von der Qualität ihrer streng symmetrisch ausgerichteten, spätklassizistischen Architektur als auch ihrer weitgehend erhaltenen, reichhaltigen Innenausstattung ein seltenes Beispiel emanzipierter bürgerlicher Wohnkultur dieser Zeit dar (Abb. 1).
Konstruktiv sind die aufgehenden Wände über dem Sandsteinsockel in Fachwerk errichtet, was jedoch durch die ursprüngliche Fassadengestaltung in Form der Rustika-Bänderung im Erdgeschoss (Abb. 2) und durch glatten Verputz des Obergeschosses kaschiert wurde.

Nach aufwändiger Instandsetzung des Inneren wurde im Jahr 2003 die Sanierung der zu diesem Zeitpunkt recht unansehnlichen, mit einem Rauputz der ersten Nachkriegsjahrzehnte überzogenen Fassaden beantragt (Abb. 3). Vorgesehen war ein allseitiger neuer Glattputz, da zwar die in Plänen von 1869 (Abb. 1) ablesbare Rustika-Bänderung bekannt war, nicht aber deren Gestaltung im Detail. Zunächst war man vom Verlust allen Originalputzes ausgegangen, da die Untersuchung eines freien Restaurators nur die bereits komplett erneuerten Giebelseiten erfasst hatte.

Nach Baubeginn zeigte sich jedoch beim Abnehmen des Rauputzes an der Traufseite nach Nordwest, dass sich die erbauungszeitliche Bänderung großflächig, wenn auch stark gestört und in bedenklichem Zustand, unter der Überputzung erhalten hatte. Eine weitgehend erhaltene Putzgliederung ließ sich hingegen an der durch das nahe stehende Nachbarhaus geschützten Südost-Seite nachweisen.

Nach dem ersten Ortstermin mit dem Amtsrestaurator wurde die hohe handwerkliche Qualität des originalen Rustikaverputzes betont und seine Erhaltung gefordert. Da sich der Rauputz an der Südost-Seite trotz der Fachwerkwände und des problematischen Putzaufbaus nahezu rissfrei zeigte, wurde hier als preisgünstige und substanzerhaltende Variante eine faserarmierte Dünnschichtüberputzung empfohlen – nach Belieben mit einer schwach plastischen oder nur aufgemalten Rustikagliederung – anstelle der mittlerweile vom Eigentümer in Betracht gezogenen Komplettrekonstruktion.
Für die Nordwest-Seite wurde dem bereits geäußerten Vorschlag der Konservierung und Restaurierung einer kleineren Referenzfläche innerhalb einer nach dieser zu rekonstruierenden Neuverputzung zugestimmt.

Der freie Restaurator wurde daraufhin mit einer Nachuntersuchung und einer Stellungnahme zu den Vorschläge des LDA beauftragt. Im Bericht wurde eine erste als Provisorium aufgebrachte Putzlage (Abb. 3 o. l.) als Kalk-Gipsputz beschrieben, auf der sich die eigentliche, als Lehm-Kalkmörtel eingeschätzte Rustika-Fassung befindet. Bei dieser wurden zunächst Kehlfugen in ca. 30 cm Abstand auf

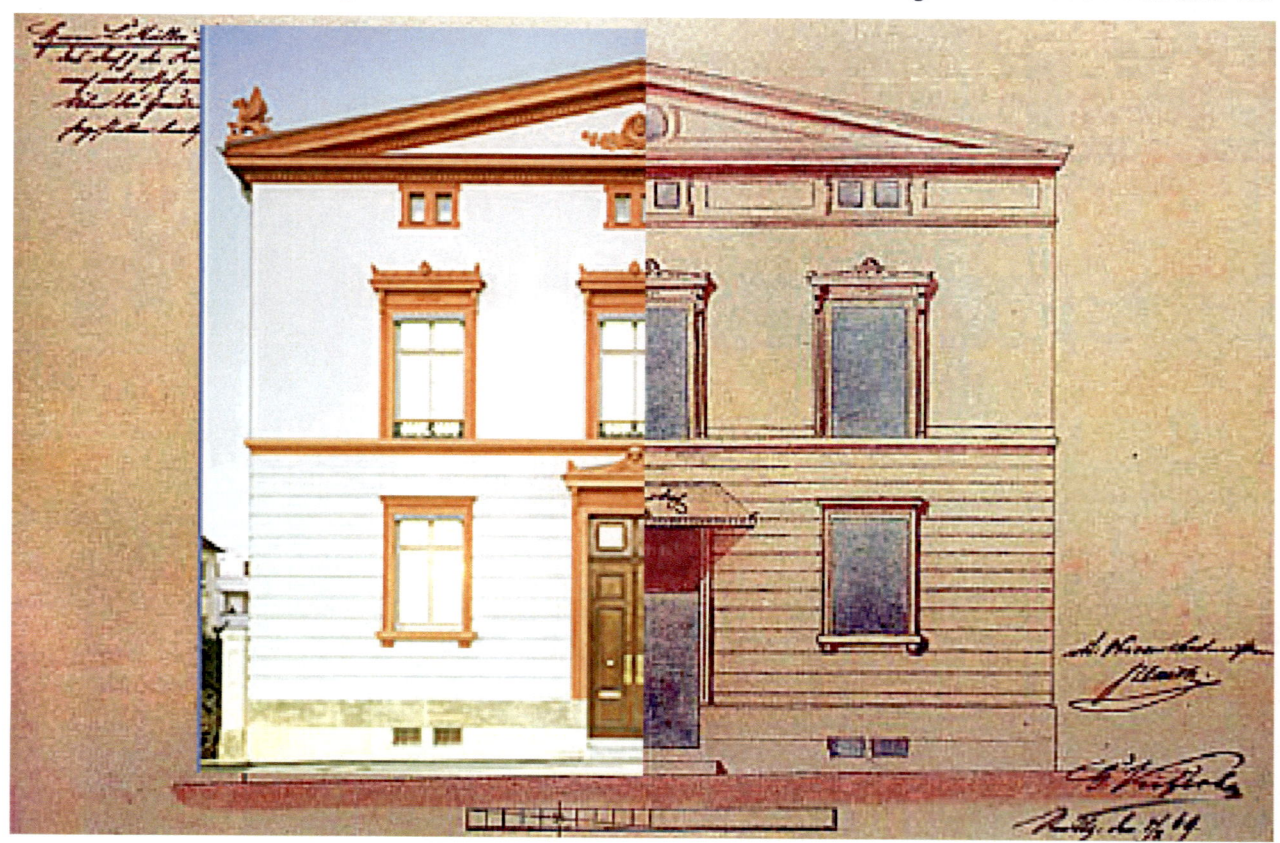

Abb. 1: *Rechts: Fassadenriss der Südwest-Seite (zur Gartentrasse hin) von 1869 mit den damals beabsichtigten Änderungen; links: fertiger Zustand, dem Befund von 1855 entsprechend.*

Abb. 2: *Südost-Fassade, Ostecke EG unterhalb des Rähmbalkens. Die Fachwerkkonstruktion unter der Rustika-Bänderung von 1852 ist nach Abnahme der Kalkzementverputzungen von 1950/60 sichtbar.*

Abb. 3: *Nordwest-Fassade, Westecke EG. Links neben dem Fallrohr befindet sich die aufgedeckte Rustikaputzlage. Rechts ist die zweite Besenwurfoberfläche und die zugehörige geglättete und beworfene Putzfläche der Südwest-Seite erkennbar.*
Die Rustika-Bänderung wurde in dieser Phase traufseitig ausgebessert, giebelseitig entfernt und durch einen flächigen Verputz mit Bewurf ersetzt. Der Rauputz von 1950/60 ist gelb gestrichen (Zustand vor Instandsetzung).

den Grundputz aufgezogen und dann die dazwischenliegenden Bänder oberflächenbündig mit Putz ausgeworfen. Abschließend wurden diese noch mit einer Kalksand-Besenwurfschlämme überzogen (Abb. 4). Insgesamt wurde der Aufbau der Putzschichten einschließlich einer weiteren Verputzung mit Strohlehmkalk- und Kalkzementmörtel samt abschließendem Kalkzement-Rauputz der Nachkriegsjahre (Abb. 3 rechts, mit gelber Letztfassung) als sehr problematisch eingeschätzt.

Beim „Kalk-Gipsputz" wurden keine hinreichenden Festigungsmöglichkeiten gesehen und Bedenken zu seiner Erhaltung angemeldet. Eine Festigung und Hinterspritzung des „Lehm-Kalkmörtels" wurde allenfalls in Verbindung mit einer Verdübelung als möglich betrachtet, aber als sehr aufwändig eingeschätzt und eine Gewährleistung für größere Flächen abgelehnt. Die vorgeschlagene Dünnschichtüberputzung wurde als zu spannungsreich für die Putzschichtung und als optisch abträglich betrachtet. Es wurde vorgeschlagen, lediglich an einem kleineren Referenzfeld eine Probefestigung zu machen.

In der Folge reklamierte der Architekt einen Haftungsausschluß im Falle der Überputzung oder der Konservierung; der Eigentümer, ein Anwaltsbüro, war nicht zur Tolerierung eines Haftungsrisikos im Falle des befürchteten Ablösens von Putzbereichen bereit.

An dieser Stelle standen zwei Wege zur Konservierung des originalen Putzbestandes offen:
- die Armierung der Überputzung durch das Einbetten von Netzgeweben und deren Rückverankerung im Fachwerk,
- die Freilegung und Konservierung durch konsequente strukturelle Festigung.

Die Abnahme der Kalkzementüberputzung der Nachkriegszeit durch den Restaurator hatte sich mittlerweile wider Erwarten als relativ schadensfrei durchführbar erwiesen.

Der Eigentümer hatte sich inzwischen eindeutig für die Darstellung der Rustika-Bänderung ausgesprochen, die er, falls nicht anders möglich, auch auf Kosten der Originalsubstanz wieder hergestellt sehen wollte.

Dem Eigentümer war inzwischen an einer – wenn auch auf Kosten der Originalsubstanz rekonstruierten – Rustika-Bänderung gelegen.

Daher wurde vom Amtsrestaurator zur Erarbeitung eines Sicherungskonzeptes für die Putzschichten die Materialprüfungsanstalt (Otto-Graf-Institut der Universität Stuttgart) eingeschaltet. Parallel wurde vom Gebietsreferenten des LDA die baden-württembergische Denkmalstiftung dazu bewogen, gegebenenfalls entstehende Mehrkosten anteilig zu tragen. Die Materialanlysen der MPA erbrachten, dass es sich:

- beim untersten Verputz anstelle eines Kalk-Gipsputzes um einen Weißkalkmörtel mit geringem Gipsanteil und
- beim „Lehm-Kalkmörtel" der Rustika-Bänderung um einen hoch gefüllten Kalkputz mit einem allenfalls minimalen Anteil an Tonmineralien bzw. Lehm (max. 3 Masseprozent (M.-%)) handelt, der seine Farbigkeit von Eisen- und Aluminiumhydroxiden bezieht.

Festigungsversuche am Rustikaputz wurden wegen dessen hoher Porosität und Weichheit mit Funcosil 510 ausgeführt, einem Kieselsäureester mit einer hohen Gel-Abscheidungsrate von 500 g/Liter KSE. Die Laborproben wie auch die vor Ort durchgeführten Haftzugmessungen gefestigter Bereiche erbrachten eine deutliche Festigkeitssteigerung auf 0,3 bis 0,4 N/mm² gegenüber den (nicht messbaren!) ungefestigten Bereichen und eine Kieselgel-Aufnahme von ca. 32 M.-%. Der Umfang der zuvor durch Abklopfen erfassten Hohlstellen hatte sich deutlich reduziert.

Neben der Vorfestigung durch die KSE-Flutung bis zur Sättigung bei mindestens dreimaliger Wiederholung wurde zur Füllung größerer Hohlräume die drucklose Injektage mit einer Feinst-Zementsuspension empfohlen.

Die Arbeitsproben überzeugten alle Beteiligten von ihrer Durchführbarkeit, worauf die Freilegung und Konservierung der kompletten südostseitigen Bänderung beschlossen wurde. An allen übrigen Seiten, den bereits früher erneuerten Giebelwänden und der im Originalbestand stark reduzierten Nordwest-Seite wurde die Rustika-Bänderung rekonstruiert.
An der Südost-Seite wurden vom Restaurator daraufhin die jüngeren Überputzungsschichten mechanisch abgenommen, gelockerte Randbereiche durch Anböschungen gesichert und der Rustikaputz durch KSE-Injektagen gefestigt. Nachdem sich das Fluten über Risse als bei Weitem nicht ausreichend erwiesen hatte, wurden rasterweise ca. 30–40 Schläuche pro Quadratmeter eingemörtelt und in mehreren Durchgängen befüllt (Abb. 5). Der 4 cm starke Putz wurde somit mit ca. 2,5 Liter/m² getränkt. Zur Hinterspritzung von Hohlstellen nach der Aushärtung der insgesamt 40 Quadratmeter waren 30 kg Feinstsuspension notwendig.
Abschließend wurden die Löcher gekittet, Fehlstellen im Fugenbereich mit Ziehmörtel nachgezogen, im Bereich der Bänder aufgefüllt und der Umgebung entsprechend strukturiert.

Die Restaurierung beanspruchte einen Arbeitsaufwand von knapp zwei Wochen, die Materialkosten betrugen – weitgehend aufgrund des KSE-Preises – knapp 3.000 EUR und verursachten gegenüber dem Angebotspreis für die Rekonstruktion nur geringfügige Mehrkosten, die sich durch den erhöhten Fördersatz für Substanz erhaltende, konservierende Maßnahmen (anstelle der Neufertigung) kompensieren ließen.

Quellen

Dr. Howalt, Landesdenkmalamt Baden-Württemberg: Gutachterliche Stellungnahme zur Eintragung des Gebäudes Gartenstr. 43 als Kulturdenkmal von besonderer Bedeutung. Tübingen, 1995.

Dr. Gabriele Grassegger, Materialprüfungsanstalt – Otto-Graf-Institut an der Universität Stuttgart: Villa Gartenstr. 43, Reutlingen, Untersuchung von Schäden am historischen Putz und Restaurierungsvorschläge. Stuttgart.

Rüdiger Widmann: Stadtvilla Gartenstr. 43 in Reutlingen/ klassizistische Fassade (Untersuchungs- und Maßnahmenbericht). Tübingen, 09.02.2005.

Rüdiger Widmann: Stadtvilla Gartenstr. 43 in Reutlingen/ klassizistische Fassade (Untersuchungsbericht und Stellungnahme). Tübingen, 08.12.2003.

Abbildungen

Autor der Montage Abb. 1: A. Menrad, LAD B.-W.
Bildautor Abb. 2 - 5: Restaurator R. Widmann, Tübingen, 12.05.2004.

Abb. 5: Südostfassade EG unter dem Kranzgesims. Die Ränder der Rustika-Bänderung sind mit Kalkputz gesichert und abgedichtet. Für die Festigung sind Injektionsschläuche eingemörtelt.

Die Steinerne Brücke in Regensburg – Erhaltung eines Kulturdenkmals von europäischer Bedeutung

von Alfons Swaczyna

Die Steinerne Brücke in Regensburg (1135–1146) stellt die älteste, teilweise noch unverändert erhaltene Natursteingewölbebrücke Deutschlands dar. Sie ist ein technisches und historisches Baudenkmal von europäischem Rang, das es zu erhalten gilt. Die Stadt Regensburg hat die Baulast und damit die Verantwortung für die Erhaltung dieses bedeutenden regionalen und nationalen Kulturdenkmals und Wahrzeichens in der Stadt. Die Erhaltung der Steinernen Brücke mit seiner abwechslungsreichen Bau- und Kulturgeschichte ist eine wichtige Aufgabe der Stadt Regensburg und ihrer Bürger. Sie hat als Bestandteil des Denkmalensembles der historischen Altstadt gute Chancen 2006 in die Liste der Weltkulturerbestätten der UNESCO aufgenommen zu werden.

1. Die Baugeschichte und die Bautechnik

„Der Prueck gleicht keine in Deutschland............" dichtete der Nürnberger Meistersänger Hans Sachs 1569. Die Steinerne Brücke galt damals schon rund 400 Jahre nach ihrem Bau als ein einzigartiges Meisterwerk (Abb. 1, 2).

Seit der Antike hatte es in Europa keinen Brückenbau dieser Größe und unter solch schwierigen Bedingungen mehr gegeben. Im 12. Jahrhundert entsteht ein regelrechter Brückenbauboom. Es entstehen nach dem Vorbild der bewährten Gewölbebauweise der Antike und der Römer eine Vielzahl von Natursteingewölbebrücken in verschiedenen mittelalterlichen Städten des Heiligen Römischen Reiches Deutscher Nation. Dazu gehören die Brücken in Würzburg, Regensburg, Prag, Dresden, Esslingen und in Florenz, London, Avignon.

Insbesondere von den Römern wurde die solide und bewährte Gewölbebauweise bei der Erstellung massiver Bauwerke mit großen Spannweiten angewendet, um damit Flusstäler überqueren zu können. Ein bekanntes Brückenbauwerk aus der Römerzeit ist die Engelsbrücke in Rom (117–138).

Die Aufgabe in Regensburg, ein über 300 m breites Flusstal zu überqueren, stellte eine besonders kühne Herausforderung dar. Die von Kaiser Karl dem Großen 792 errichtete Pontonbrücke aus Holz war durch Hochwasser und Eisstoß zu anfällig geworden. Regensburg als die Metropole des Donauraums und das Zentrum des Donauhandels im frühen Mittelalter benötigte einen festen Donauübergang, um die wichtigen Handelsstraßen nach Frankreich, nach Böhmen, nach Venedig und Konstantinopel über Regensburg bündeln zu können. Der jahrhundertelang einzige feste Übergang über die Donau zwischen Ulm und Wien hat zweifellos die Bedeutung Regensburgs als die führende deutsche Handelsstadt im Mittelalter besonders begünstigt.

Der Bau der Steinernen Brücke (Abb. 3) beginnt im Jahr 1135. Den reichen und selbstbewussten Regensburger Kaufleuten, die am meisten von einem Brückenbau profitieren, gelingt es, den Bayern-

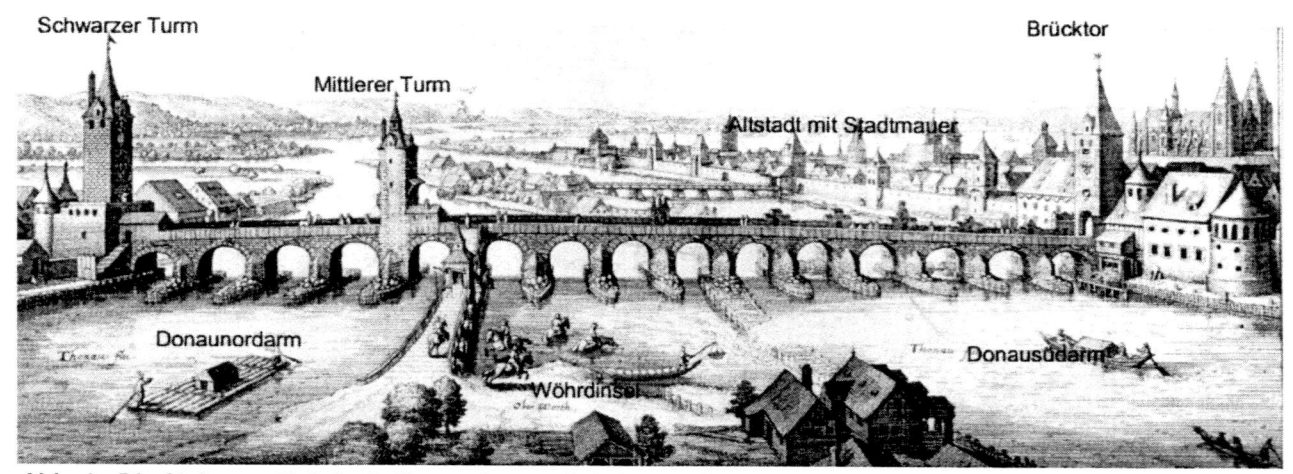

Abb. 1: Die Steinerne Brücke in Regensburg – Brückenansicht von 1644 mit drei Brückentürmen von Merian Matthäus (1593–1650).

Abb. 2: Die Steinerne Brücke in Regensburg heute.

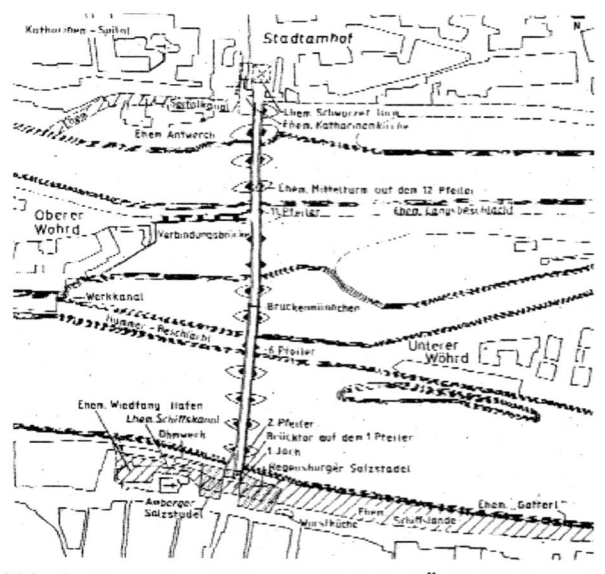

Abb. 3: Lageplan Steinerne Brücke (Örtlichkeit und baugeschichtliche Besonderheiten).

Abb. 4: Querschnitt Pfeiler 11 nach der Sprengung 1945; Steinerner Kern aus Gussmauerwerk mit Stirnwänden aus Werksteinen.

herzog Heinrich den Stolzen als Förderer für den Bau der Steinernen Brücke zu gewinnen. Es ist überliefert, dass mit dem Bau in einem extrem trockenen Jahr mit Niedrigwasser in der Donau begonnen wurde, was den Bau erleichtert haben dürfte. Wahrscheinlich war der Brückenbau auch von langer Hand vorbereitet worden, um sofort mit dem Bau beginnen zu können.

Die römischen Brückenbauten mit ihren Pfeilern und Bögen sind zwar Vorbild für die mittelalterlichen Neubauten; sie sagen aber nichts aus über die Technik, mit der sie errichtet wurden. Es ist bekannt, dass die Römer ihre Brücken auf Holzpfählen gründeten, die sie in den Boden rammten. Allerdings war die Fundamentierung einer der schwächsten Punkte der mittelalterlichen Bauausführung.

Bei der Steinernen Brücke wurde ein Gründungsverfahren angewendet, das 800 Jahre früher auch bei der spätantiken Römerbrücke von Trier zum Einsatz kam. Die Pfeiler der Steinernen Brücke wurden nicht auf Pfählen gegründet. Die Gründung der Pfeiler bildeten Eichenroste, die auf dem geebneten Kiesboden aufliegen. Auf diese Roste wurden die Brückenpfeiler aufgemauert. Die den Pfeiler bildenden äußeren Werksteinquader wurden auf eine Mörtelfuge aufgesetzt und laufend hoch gemauert. Dazwischen wurde mit Bruchsteinen und heißem Kalkmörtel verfüllt.

Diese Art der Gründung bietet jedoch keinen hinreichenden Schutz gegen Unterspülungen. Wegen dieses Mangels mussten die Pfeiler durch künstliche Steininseln (Beschlächte) geschützt werden. Der altbayerische Begriff „Beschlächte" bezeichnet Uferbefestigungen aus Pfählen, Stecken, Fürsetz (Querhölzer) und Steinauffüllungen. Bei der Steinernen Brücke wurden die Beschlächte aus Pfahlreihen gebildet, die mit einem Kappholz versehen, mit Steinschutt hinterfüllt und durch eine schwere Steinpflasterung abgedeckt waren.

Da nach jedem Hochwasserschaden eine neue Pfahlreihe vorgesetzt wurde, vergrößerten sich im Laufe der Jahrhunderte die Pfeilerschutzinseln mehr und mehr. Dadurch wurden die Durchlauföffnungen (nur noch rund ein Drittel der Strombreite) immer enger, mit der Folge höherer Strömungsgeschwindigkeiten.

Die Steinerne Brücke besteht im Wesentlichen aus Grünsandstein sowohl in ihrem Kern als auch in der Ansicht der Bögen und Stirnwände. Das Material muss wahrscheinlich in den Steinbrüchen nordwestlich von Regensburg gebrochen worden sein. Der Grünsandstein der oberen Kreide war wegen seiner Beständigkeit in Luft und Wasser, seiner gleichförmigen Härte und seiner leichten und sicheren Bearbeitung ein sehr geschätzter Baustein. Der Bau aus Natursteinen stellte auch eine Meisterleistung der Logistik dar. Alleine für die Brücke ohne Vorbauten mussten ca. 40.000 Kubikmeter Steine mit einem Gewicht von rund 100.000 Tonnen verbaut werden.

Die Brücke selbst besteht außen aus gemauerten Quadern aus von Steinmetzen behauenen Kalk- und Grünsandsteinen, der Kern aus Gussmauerwerk, einer Mischung aus heiß vergossenem Kalkmörtel und Bruchsteinen (Abb. 4).

> **Wichtige historische und baugeschichtliche Daten:**
>
> **1135 bis 1146**
> Bauzeit der Brücke; Auftraggeber: die Regensburger Bürgerschaft unter Förderung des Bayernherzogs Heinrich des Stolzen; einziger Donauübergang zwischen Ulm und Wien; Baumeister unbekannt; Gründung einer Bauhütte für den Brückenbau
>
> **1147/89**
> Ausgangspunkt für den 2. und 3. Kreuzzug unter Kaiser Barbarossa I.
>
> **1182**
> Kaiser Friedrich I. verleiht der Brücke besondere Privilegien: Freiheit des Brückenzuganges und Zollfreiheit; Brückenmeisteramt mit besonderen Rechten und Einkünften und eigenem Brückenmeister; eigenes Brückensiegel; Einnahmen aus dem Brückenzoll dienten der Erhaltung der Brücke
>
> **1499 bis 1502**
> Bau der Oberen Hölzernen Brücke zur Insel Oberer Wöhrd
>
> **1633**
> Sprengung des südlichen dritten Brückenbogens im Dreißigjährigen Krieg als Abwehr gegen die schwedische Belagerung; bis 1791 Hölzerne Zugbrücke
>
> **1784**
> Mächtiger Eisstoß und Hochwasser zerstören die zwei Brücken zum Oberen Wöhrd, die Mühlen, Schleif-, Polier- und Hammerwerke auf den Pfeilerbeschlächten
>
> **Um 1900**
> Bestrebungen, die Steinerne Brücke abzubrechen und durch eine moderne Konstruktion zu ersetzen
>
> **1945**
> Sprengung von 4 Bögen durch deutsche Truppen in den letzten Kriegstagen (23. 04. 1945)
>
> **1951 bis 1962**
> Instandsetzungsarbeiten u. a. Gründungssicherung der Pfeiler, Rückbau der großen Pfeilerinseln (Beschlächte), Instandsetzung verschiedener Bögen
>
> **1967**
> Erneuerung der gesprengten Bögen; neuer Fahrbahnbelag und neue Brüstungen

2. Der Bauzustand

Die Steinerne Brücke in ihrer Funktion als Verkehrsbauwerk wurde von den Handwerkern des Mittelalters mit den damals verfügbaren Materialien (Naturstein, Kalkmörtel) erbaut, die den damaligen Verkehrsbelastungen (Fuhrwerke, Handkarren) genügten. Durch die ihr in den letzten hundert Jahren zugemuteten Verkehrsbelastungen, Umwelteinflüsse und menschlichen Zerstörungen hat der Zustand der Steinernen Brücke auch nach der Instandsetzung nach dem Krieg gelitten. Auch heute noch fahren 300 Busse pro Tag über die Steinerne Brücke und belasten das weiche Mauerwerksgefüge mit ihren hohen Brems- und Schubkräften. Besonders gravierend ist, dass aufgrund einer fehlenden Abdichtung der Brückenfahrbahn und eines nicht funktionierenden Entwässerungssystems belastetes aggressives Niederschlagswasser (im Winter durch Salzstreuung) in das Bauwerk eindringen kann. Dies führt zur Durchfeuchtung des gesamten Mauerwerks, sichtbar an zahlreichen Ausblühungs-, Schmutz- und Kalkfahnen sowie Salzkrusten (Abb. 5–8).

Der Fugenmörtel zwischen den Steinen löst sich durch chemische Zersetzung, Salzbelastung, Frost-Tauwechsel und Ausspülung des Bindemittels auf, was zu sichtbaren Hohlräumen, Klüften, Rissen und damit zu statischen Problemen geführt hat. Die Mauerwerksflächen sind teilweise brüchig und stark abgewittert, früher in Mörteltechnik sanierte Flächen platzen wieder ab.

Auffällig sind die sogenannten Stirnringrisse zwischen der äußeren Mauerwand und dem Gewölbe, die durch seitliche Stoß- und Bremskräfte quer zur Bogenachse und durch die unterschiedlichen Steifigkeiten des Mauerwerks entstehen (Abb. 8).

Zusätzliche Beanspruchungen entstehen auch bei Hochwasser und durch aufsteigendes Kapillarwasser, das in Risse, Hohlräume und Klüfte eindringen kann und dort zu Ausspülungen und zur Auflösung des Fugenmörtels führen kann.

3. Die durchgeführten Untersuchungen

Als erster Schritt wurde von 1993–1998 durch das Bayerische Landesamt für Denkmalpflege und das Architekturbüro Ebeling, Regensburg, händisch ein komplettes verformungsgerechtes und analytisches Aufmaß zur Erforschung der unterschiedlichen historischen Bauepochen und eine Dokumentation der Schäden und des Zustandes des Natursteinmauerwerks erstellt. Daraus ließ sich auch ein Baualtersplan entwickeln.

In den Jahren 1996/97 wurden von der LGA Bautechnik Nürnberg erstmals Erkundungsbohrungen an 11 Pfeilern und am Fuße der Brücke durchgeführt. Sie sollten Kenntnisse über den inneren Aufbau und die Gründung der Brücke liefern. Die Bohrkerne wurden z. B. hinsichtlich der Festigkeit, der chemischen Belastung und der mineralogischen Eigenschaften des Brückeninnenlebens ausgewertet. Eine begleitende Kamerabefahrung der Bohrlöcher hat Aufschlüsse über auffällige Risse, Spalten und Hohlräume geliefert und geholfen, die Bohrergebnisse zu interpretieren.

Hydrographische Vermessungen (Peilungen) zur Feststellung der Tiefenlage im Bereich des Flussbettes im Bereich der Pfeiler bestätigen, dass trotz hoher Wasserfließgeschwindigkeiten keine Auskolkungen auftreten, die die Gründung der Steinernen Brücke gefährden könnten.

Abb. 5: Aussinterungen.

Abb. 6: Geschädigtes Mauerwerk.

Abb. 7: Durchfeuchtetes Mauerwerk.

Abb. 8: Massiver Stirnringriss.

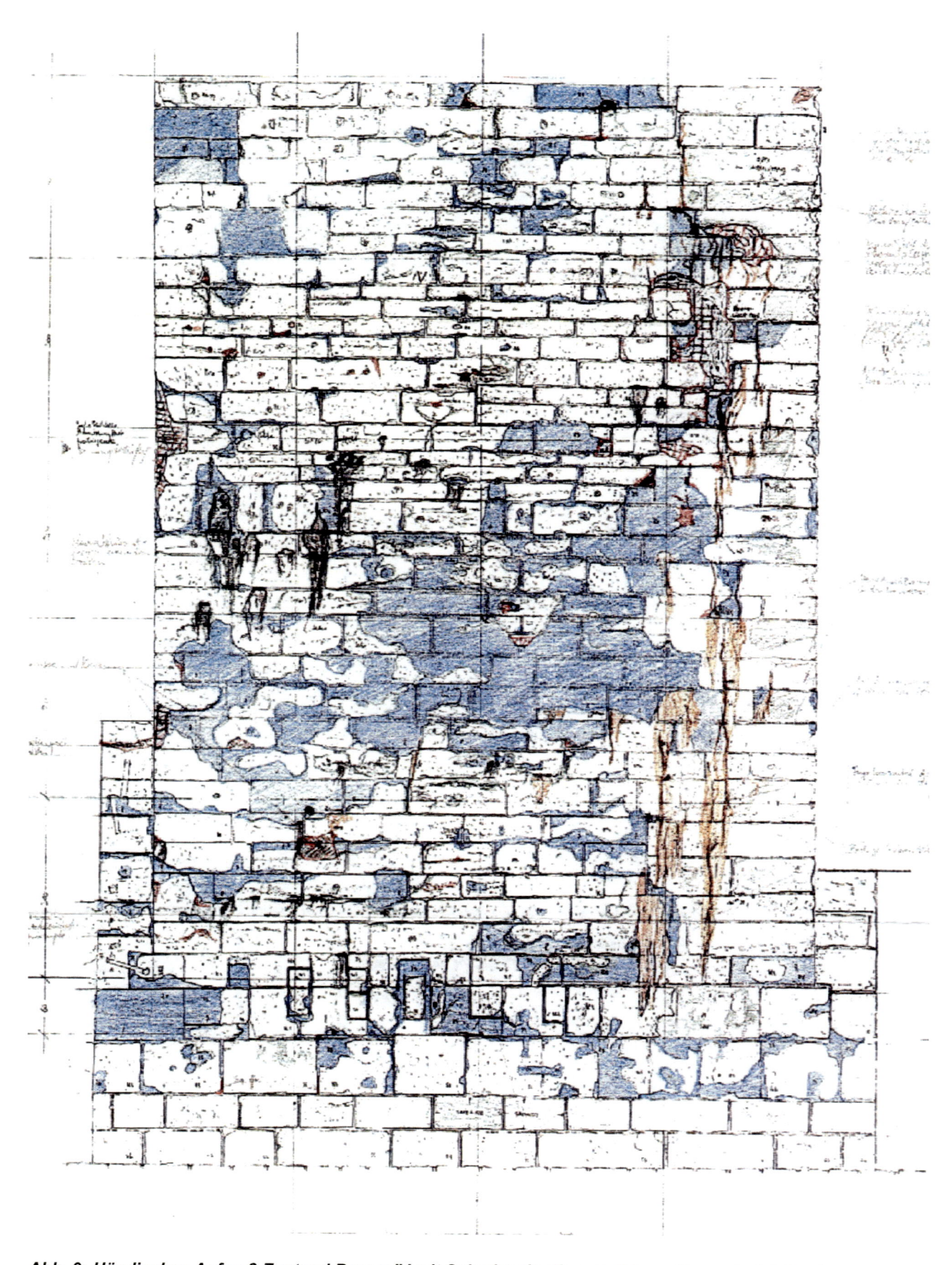

Abb. 9: Händisches Aufmaß Zustand Bogen IV mit Schadenskartierung (blau = Zementmörtel, schwarz = Gipskrusten, orange = Sinterfahnen).

Zunächst sind in den letzten 10 Jahren zur Erarbeitung eines statisch-konstruktiven und denkmalverträglichen Instandsetzungskonzeptes noch eine Fülle von weiteren Einzeluntersuchungen durchgeführt worden. Diese wurden von der Deutschen Bundesstiftung Umwelt, Osnabrück, die sich auch den Schutz und die Bewahrung umweltgeschädigter Kulturgüter wie die Steinerne Brücke zur Aufgabe gemacht hat, gefördert.

Das von verschiedenen Fachleuten durchgeführte interdisziplinäre Untersuchungsprogramm an festgelegten Musterbögen sah Folgendes vor:

1. Steintechnische Untersuchungen
- Steintechnische Kartierung
- Entfernung von früheren Mörtel- und Steinersatzantragungen und loser Teile
- Feststellen mechanischer Steinschäden (z. B. Schalenbildung)
- Öffnen der Fugen zur Untersuchung der Fugenstruktur
- Erforschen der Steindicken und Feststellen von Rissen und der Dichte des Fugenmörtels durch endoskopische Untersuchungen

2. Laboruntersuchungen des Natursteins
- Kartierung der Natursteinvarietäten nach unterschiedlichen Kriterien und Merkmalen
- Kernbohrungen an unterschiedlichen Gesteinstypen zur Bestimmung von Gesteinskenndaten, Feuchtegehalt und Versalzung
- Laboruntersuchungen u. a. zur Frage der Konservierbarkeit der Sandsteine (Steinfestiger, Steinersatzstoff) und Auswahl von Fugen- und Restaurierungsmörtel

3. Zerstörungsarme Untersuchung des Natursteins und der Brückenkonstruktion
- Einsatz von Radar
- Einsatz von Mikroseismik an der Oberfläche und im Bohrloch
- Anwendung von Widerstandselektrik
- Tomographie mit Hilfe von Radar und Mikroseismik zur Struktur und Zustandsuntersuchung des Natursteins und Pfeileraufbaus
- Forschung und Weiterentwicklung zerstörungsarmer Untersuchungsmethoden
- Wirksamkeit von Entsalzungsmethoden

4. Erschütterungs- und Schwingungsmessungen zum dynamischen und statischen Tragverhalten
Die Erschütterungsmessungen dienten der Abschätzung der dynamischen Beanspruchungen aus der Verkehrsbelastung des historischen Mauerwerkes im Bereich der Fahrbahn und des Bogenscheitels an den Musterbögen IX und XIV durch Busverkehr. Mit den Schwingungsmessungen wurden die Schwingereignisse aus dem Busverkehr erfasst, um Rückschlüsse auf die Verträglichkeit der aktuellen Brückenbelastung zu gewinnen.

3.1 Ergebnisse der Untersuchungen

Erkundungsbohrungen

Die untersuchten Pfeilerkerne weisen größtenteils noch eine gute Beschaffenheit und Tragfähigkeit auf. Die Pfeilerkerne bestehen aus unterschiedlich großen Gesteinspartien (Quader-, Brocken- bis Schottergröße), die mit der damals verwendeten Kalkmörtelvergusstechnik in kornabgestufter Zusammensetzung sorgfältig vermörtelt wurden.

Die Pfeilerkerne bestehen im Wesentlichen aus Grünsandstein aus der Umgebung von Regensburg. Dieses Material ist geologisch sehr unterschiedlich (wechselnde Kalkanteile, Fossilführung, Porosität).

Die Quaderpartien sind aus hartem Grünsandstein errichtet.

Die Kerne der Südpfeiler (Hauptstrom) und Nordpfeiler (Nebenstrom) sind entsprechend der statischen Belastung unterschiedlich aufgebaut: die Nordpfeiler aus kleinstückigem vermörtelten Grünsandstein, die Südpfeiler aus dicken Gesteins- und Mörtellagen.

Die Brückenpfeiler gründen überwiegend direkt auf dem gut abgestuften, mitteldicht gelagerten, mehrere Meter starken Kies (Abb. 10).

Die an den Baumaterialien durchgeführten mechanischen und bauchemischen Untersuchungen lassen optimistische Grundlagen für die Instandsetzung erwarten.

Die Sandsteine, Kalksteine und Kalkmörtel weisen noch gute Festigkeitseigenschaften auf.

- Grünsandstein: Mittlere Druckfestigkeit ca. 27 MN/m^2
- Mauerwerk: Druckfestigkeit 42 MN/m^2
- Scherversuch: Reibungswinkel 68°

Der Kalkmörtel ist an die Fugendicke angepasst und sehr gut korngrößenabgestuft. Er besteht zu jeweils 50 Gewichtsprozent aus Sand und Kies sowie einem Kalkanteil von bis zu ca. 20%.

Gesteins-/Laboruntersuchungen

1. Steindicken der Bogensteinquader: 40 bis 60 cm
2. Verschiedene Arten von Grünsandsteinen; die gesteinsphysikalischen Kenndaten und mineralischen Bestandteile schwanken stark, sie beeinflussen Auswitterung und Feuchtegehalt
3. Schadenskartierung: Feuchtestau hinter den Natursteinen; konzentrierte Salzbelastung auf der Steinfläche
4. Versuche zur Konservierung der Natursteinoberfläche mit Steinfestigungsmitteln; ausreichender Festigungserfolg am trockenen Naturstein
5. Einsatz von Steinergänzungsmassen; Entwicklung eines Restaurierungsmörtels mit hydraulischem Kalk
6. Wirksamkeit von Entsalzungskompressen

Alfons Swaczyna

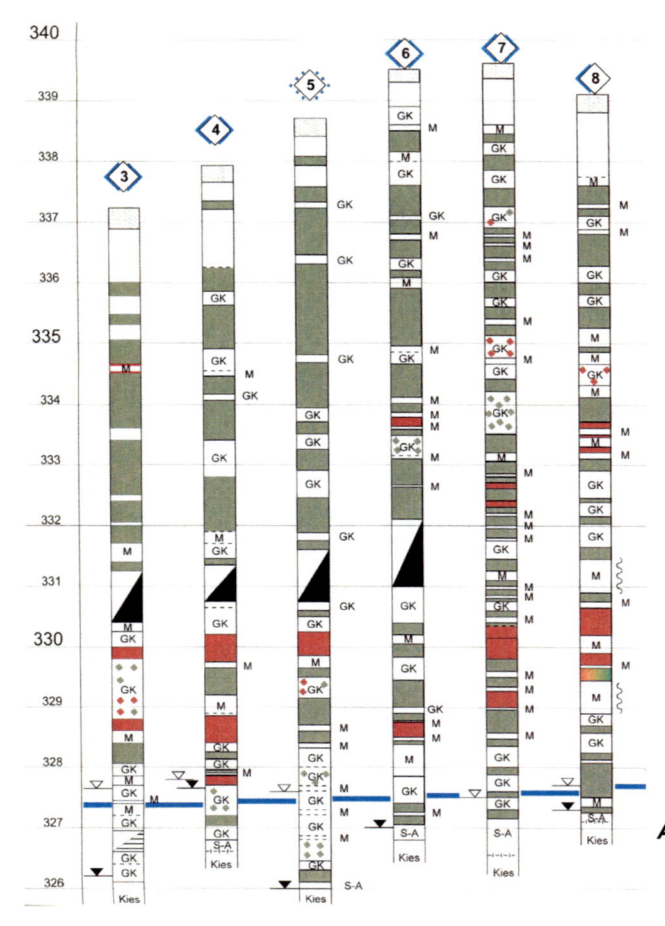

Abb. 10: Bohrkernprofile Pfeiler 3 bis 8.

Zerstörungsfreie Untersuchungen

An ausgewählten Musterbögen der Steinernen Brücke wurden die zerstörungsfreien Untersuchungsverfahren Radar, Widerstandselektrik und Mikroseismik zur Beurteilung des aktuellen Zustandes im Innern erfolgreich eingesetzt. Folgende Fragen konnten einigermaßen zuverlässig beantwortet werden:

- die Stärke der äußeren Wandschale,
- die Einbindetiefe der Steine in die Innenfüllung,
- der Verlauf von Feuchte- und Salzhorizonten bis in eine Tiefe von ca. 2,0 m,
- die Qualität der Festigkeit des Gesteinsmaterials im Innern des Pfeilers,
- die Bereiche mit deutlich veränderter Materialqualität wie erhöhter Hohlraumgehalt und Auflockerungen hinter der Wandschale.

Mit der Widerstandselektrik und den Reflexionsradarmessungen konnte man ohne Zerstörungen des Bauwerkes das Innere der Brücke bis zu einer Tiefe von 1,50 bis 2,0 m beurteilen.

Mit der Seismiktomografie konnte man Ergebnisse zur Materialfestigkeit sowie zum strukturellen Aufbau des untersuchten Querschnittes erhalten. Über die farbig dargestellte Wellengeschwindigkeit lassen sich qualitative Aussagen über die Festigkeit des Mauerwerks treffen.

Mit der Radartomografie konnte eine quantitative Aussage zum Feuchtegehalt eines Pfeilers getroffen werden.

Mit einer linienhaften Reflexionsradarmessung wurden die Einbindetiefe der äußeren Mauerquadersteine (Bögen, Stirnmauern) und die Grenze zur gemauerten Kernfüllung bestimmt.
Bei dem untersuchten Joch beträgt die durchschnittliche Stärke der äußeren Steine 65 bis 85 cm, bei dem Pfeiler 30 bis 50 cm.

Mit der Bohrlochseismik konnten Informationen über die Homogenität der Innenfüllung und die Verteilung der Materialfestigkeiten im Pfeilerinnern gefunden werden. Die Materialqualität nimmt von oben nach unten zu.

Über die durchgeführten Untersuchungen an der Steinernen Brücke und deren Ergebnisse wurde von Frau Dr.-Ing. Patitz ausführlich in der Fachliteratur (siehe Artikel im SFB Jahrbuch 1997) berichtet.

Erschütterungs- und Schwingungsmessungen

Die aktuellen Belastungen aus dem Busverkehr erzeugen noch für das Bauwerk verträgliche Schwingungen (unter 1,5 mm/s); die Maxima der Beanspruchung treten auf der steifen Brückenoberfläche und weniger am Bogenscheitel auf. Die Schäden am Bauwerk mit nach außen gedrückten Brüstungselementen und den darunter liegenden Steinreihen dürften auch die Folge der Wiederkehr von stärkeren dynamischen Belastungen (Bremskräften) in der Vergangenheit sein, insbesondere durch ein Belastungskollektiv von größeren Fahrzeugen.

3.2 Analyse Statik und Tragverhalten der Steinernen Brücke

Das Tragverhalten einer Natursteingewölbebrücke wird bestimmt von der Spannweite, der Bogenform und -dicke und dem verwendeten Material (Abb. 11). Das Mauerwerk einer Steinbrücke besitzt nahezu keine Zugfestigkeit. Der tragende Bogen trägt die maßgebenden schweren Lasten aus dem Eigengewicht vor allem über Druck an die Auflager ab. In Querrichtung des Bogens entstehen jedoch auch Biegungs- und Schubkräfte. Die Druckkraft verläuft bei einem idealen Bogen im Zuge der sog. Stützlinie, wo der Bogen am stärksten auf Druck und am geringsten auf Biegung beansprucht ist. Die Stützlinie muss innerhalb des Bogenquerschnittes verlaufen, ansonsten versagt dieser und es entstehen Risse, Kantenabplatzungen an den Steinen und der Mörtel wird aus der Fuge gedrückt.

Die Analyse der geometrischen, statisch-konstruktiven und bauphysikalischen Eigenschaften sowie der Verkehrsnutzung einschließlich der Umweltbedingungen brachte für die Steinerne Brücke folgende Bewertung des Tragverhaltens:

Geometrie
Die Fahrbahn (Längsachse des Tonnengewölbes) verläuft nicht senkrecht zu den Lagerfugen des Bogenmauerwerkes und zum Bogenwiderlager. Da die Achse nicht rechtwinklig ausgerichtet ist, ergeben sich besondere Beanspruchungen quer zur Bogenachse.

Konstruktion
Die handwerkliche Konstruktion eines Bogens ist sehr unterschiedlich. Die Bögen sind auf beiden Seiten besonders sorgfältig aus großen bearbeiteten Quadersteinen im Verband mit den Außenwänden hergestellte Wandscheiben mit einem hohen Elastizitätsmodul. Im Vergleich dazu weist der eigentliche "innere" Bogen eine geringere Bauhöhe und eine geringere Ausführungsqualität auf. Die Seitenwände der Brücke sind somit steifer als das eigentliche mittlere Gewölbe. Sie verformen sich weniger als die weichen Bauteile, ziehen jedoch umso mehr die Last an. Wenn sich nun die beiden Bauteile unterschiedlich verformen, können sie voneinander abscheren. Die Folge sind bei nahezu allen Gewölbebrücken die sog. Stirnringrisse zwischen der äußeren Mauerwand und dem Gewölbe, wie sie fast bei jedem Bogen erkennbar sind (Abb. 12). Bei breiter und tiefgründiger Rissbildung besteht die Gefahr, dass die Stirnwand von dem steinernen Kern abschert. Die fehlende Kraftübertragung auf die Stirnwände führen zu Kraftumlagerungen auf das Bogengewölbe mit der Folge weiterer Risse, sowohl äußerlich als auch innerhalb der Steinquader.

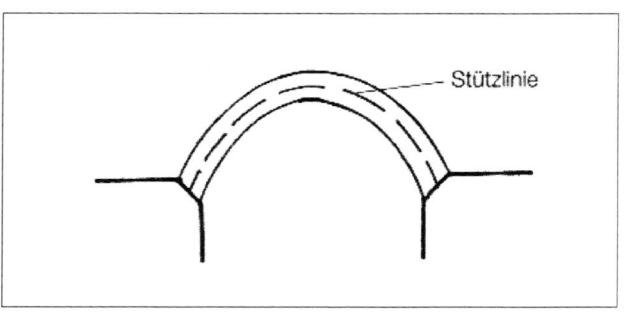

Ideale Stützlinie

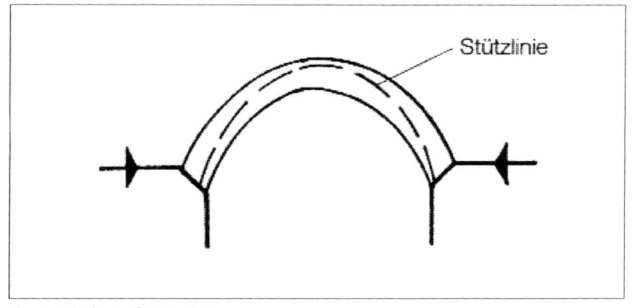

Ausmittige Stützlinie

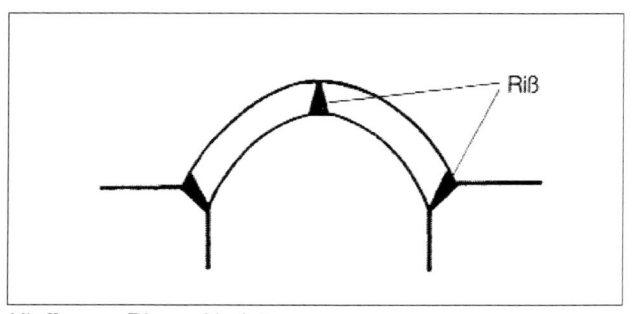

Klaffung = Risse, Abplatzungen

Abb. 11: Statisches Prinzip des Bogens.

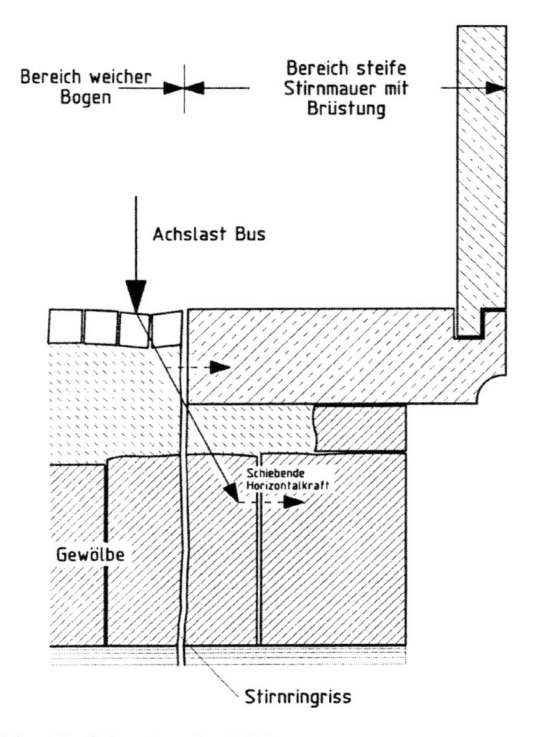

Abb. 12: Stirnringrissbildung.

Busverkehr

Die täglich ca. 300 Busse stellen eine erhebliche statische Belastung für die sensible und durch Risse im Mauerwerksgefüge geschwächte Konstruktion dar. Die sich begegnenden Busse weichen seitlich aus und fahren dabei mit den Rädern über die Längsrinnen der Fahrbahn, die direkt am Übergang zwischen der unterschiedlich steifen Bogenkonstruktion liegen (Abb. 13). Es wirken seitliche horizontale Stoß- und Bremskräfte (Abb. 12). Sie haben erkennbar die oberen Steinlagen der beiden äußeren Stirnwände einschließlich Brüstung mit der Zeit nach außen gedrückt.

Die Abbildung 14 zeigt die tatsächlichen Belastungen eines Bogens durch einen Bus mit den höchsten Achslasten. Bei einer Überfahrt beansprucht der Busverkehr Bögen mit großer Spannweite erheblich extremer als Bögen mit kleiner Spannweite. Es ist deutlich die Wanderung des exzentrischen Stützlinienverlaufs im tragenden Bogen bei einer Überfahrt erkennbar, der das Bogenmauerwerk hoch beansprucht. Die jeweils hohen Zug- und Druckspannungen sind die Ursache z. B. für Rissbildungen und Steinabplatzungen und den Verlust des Fugenmaterials. Im schlimmsten Fall können bei fehlender Kraftübertragung über das statisch wirksame Steinmaterial und den Fugenmörtel Steine herausfallen und so zum Versagen des Bogens führen.

Abb. 13: Belastungsfall Busverkehr.

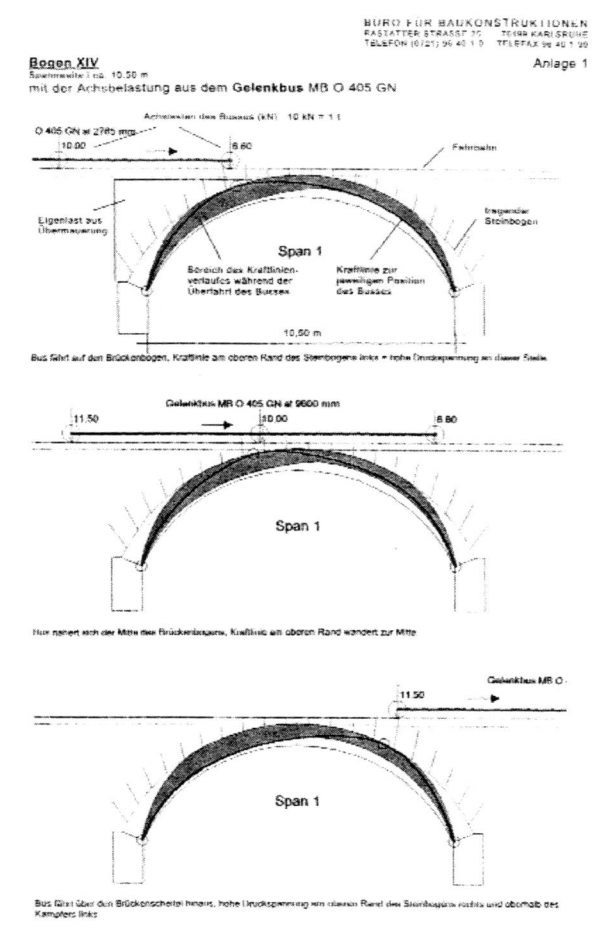

Abb. 14: Stützlinienverlauf während der Überfahrt eines Busses.

Abb. 15: Belastungsfaktoren für die Brücke durch Eis und Hochwasser.

Umwelt

Die Steinerne Brücke ist in besonderer Weise auch den Umwelteinflüssen ausgesetzt. Bei Regen schützen kein Dach und keine Abdichtung die gemauerten Wände. Mit dem Wasser dringen Salze (nicht nur durch Streusalz!) in das Mauerwerksgefüge ein. Auskristallisierende und wieder in Lösung gehende Salze zermürben Steine und Fugenmörtel. In der kalten Jahreszeit bewirken Wasser und Frost Eissprengungen. Auch ein Normalwasserstand oder ein Hochwasser der Donau stellen einen Belastungszustand für die Brücke dar (Abb. 15). Feuchte und Wasser kann über die Poren des Natursteinmauerwerks kapillar aufsteigen oder es wird bei hohem Wasserstand in die Risse, offenen Fugen und Klüfte gedrückt.

Zusammenfassend zeigen die Ergebnisse der örtlichen Untersuchungen und der bisher erfolgten statischen Eingrenzungen und Überlegungen, dass die Schäden im Bereich der sichtbaren Brückenfassade und die Unregelmäßigkeiten im inneren Bau- und Traggefüge der Brücke in einem engen Zusammenhang stehen. Vor weitergehenden statischen Untersuchungen kann schon jetzt gesagt werden, dass die dynamischen Beanspruchungen für die in ihrer wesentlichen Substanz mittelalterliche Natursteingewölbebrücke statisch unverträglich sind und waren.

4. Die Maßnahmen
4.1 Konstruktives Konzept – Erneuerung und Abdichtung der Brückenoberfläche

Die wichtigste Maßnahme bei einer zukünftigen Instandsetzung der Steinernen Brücke ist die Abdichtung des Bauwerks gegen das Eindringen des Niederschlagswassers. Dies erfordert eine vollständige Erneuerung der Brückenoberfläche einschließlich der Brüstungselemente und die Herstellung einer funktionierenden Abdichtungsebene mit den entsprechenden Einläufen und Leitungen. Dazu wurden entsprechende Vorschläge erarbeitet:

- Entfernen des kompletten Fahrbahnaufbaus (Pflaster, Betonmörtel) mit den Brückenbrüstungen aus Beton bis zum historischen steinernen Brückenkern einschließlich aller früher eingebauten Fremdmaterialien und Fremdkörper aus Beton und Stahl (Ausnahme: wieder neu aufgebaute Joche)
- Entfernen aller denkmalfremden Leitungen und Revisionschächte als Bausünden früherer Sanierungen
- Kontrollierter Rückbau der verschobenen ersten Steinreihen der Stirnmauerwände bis zum Bogenstein im Bogenscheitel
- Statische Sicherungsmaßnahmen für die Stirnwände und für den steinernen Brückenkern
- Denkmalgerechte und behutsame Wiederherstellung der Stirnmauerwände und des steinernen Kerns nach den Grundsätzen der mittelalterlichen Bauweise (Gussmauerwerk)
- Denkmalgerechte und behutsame Wiederherstellung der neuen Brückenoberfläche mit Abdichtungsebene, Entwässerungsleitungen für die Brücke, großformatigem Plattenbelag, Brüstungen aus Naturstein abhängig von der zukünftigen Verkehrsfunktion

4.2 Musterhafte Instandsetzungen Bogen IX und XIV

Ein weiteres Ziel war es, die vielfältigen Ergebnisse der langjährigen Untersuchungen an ausgesuchten Brückenbögen exemplarisch in ein erstes konkretes Instandsetzungskonzept am historischen Brückenbauwerk umzusetzen.
Die in einem ersten Schritt eigentlich notwendige Instandsetzung der Brückenoberfläche mit Abdichtung, Entwässerungsleitungen, neuem Belag und neuer Brüstung ließ sich wegen des auf der Brücke verkehrenden Busverkehrs nicht realisieren. Dafür wurden zunächst an zwei ausgewählten Musterbögen unterschiedlicher Bauepochen die Methoden einer denkmalgerechten Instandsetzung des Natursteins unter Berücksichtigung des statischen

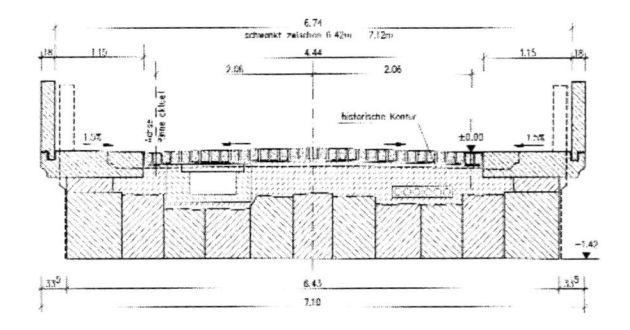

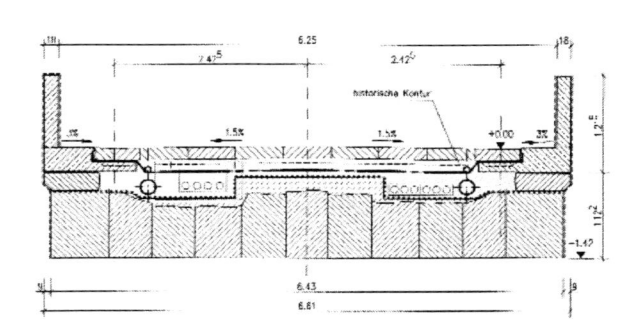

Abb. 16: Vergleich heutiger Querschnitt mit auskragender Betonbrüstung, Großsteinpflaster und denkmalfremden Einbauten (Revisionsschächte, Leitungen)(links) mit geplantem Brückenquerschnitt mit Abdichtungsebene, notwendigen Leitungen, Natursteinbrüstung und Plattenbelag (rechts).

Tragverhaltens erprobt. Die daraus gewonnenen Erkenntnisse und Erfahrungen sowohl in restauratorischer, bautechnischer und finanzieller Hinsicht werden Grundlage sein zur Abschätzung des Instandsetzungsaufwandes für die gesamte Brücke.

In Abstimmung mit dem Bayerischen Landesamt für Denkmalpflege wurde festgelegt, die Restaurierungsarbeiten zunächst an Versuchsflächen an der Untersicht des stark geschädigten Musterbogen XIV (romanischer Bogen aus der Zeit zwischen 1135 und 1250) zu erproben. Der Zustand des Bogens XIV war gekennzeichnet durch einen besonders hohen Anteil an Schadstellen des tragenden Bogenmauerwerkes aus Grünsandstein. Bei der Instandsetzung Anfang der 60er Jahre erfolgten aufgrund der vorhandenen Schäden (tiefgründig und großflächig zersetzte Natursteine) umfangreiche Ausbesserungs- und Sanierungsarbeiten. Hierbei wurden die teils großvolumigen Fehlstellen großflächig mit Stahlgewebematten armiert und mit Spritzbeton verfüllt. Man meinte damals, mit den Methoden der aufkommenden Zement- und Betoneuphorie mit Stahlgewebe als Bewehrung, die schnell und wirtschaftlich einzusetzen waren, alles lösen zu können. Wie sich bei den Untersuchungen herausgestellt hat, war dies keine Instandsetzungsmethode, die dem historischen Denkmal aus Naturstein gerecht wurde.

Folgende Schadensbilder wurden am Bogen XIV festgestellt (Abb. 17):
- hoher Durchfeuchtungsgrad des Mauerwerks und der Fugen,
- großvolumige, teils lose Zementantragungen mit Zementschlämme durch die Instandsetzung in den 60er Jahren,
- festsitzende Zementergänzungen mit Schadstellen (Schalenbildung) am darunter liegenden Steinmaterial,
- rostendes Bewehrungsgitter und rostende Haken und Ösen im Bereich der Zementergänzungen,

Freigelegte Stahlgewebematten

Hohlraum im Mauerwerksverbund

Zementmörtelantragungen

Salzausblühungen, Risse im Stein

Abb. 17: Schadensbilder am Musterbogen XIV.

- korrodierte Eisenkeile in den Fugenbereichen, Verfärbungen durch Rost an der angrenzenden Steinsubstanz,
- starke Schädigungen bei Grünsandstein bei den Nahtstellen Sandstein/Betonantragung,
- Steinersatzreste, zementgebunden,
- Rissbildungen und Ablösungen (Schalenbildung) durch Scher- und Druckbelastungen,
- Salzbelastung und Salzausblühungen,
- Feuchtebelastung insbesondere nach Öffnung der zementverplombten Fugen und Zementausbesserungen,
- defektes Fugennetz mit offenen, ausgewitterten und tief greifend gestörten Fugen, z. T. über faustgroß am Übergang Maueraußenschale zum inneren steinernen Kern,
- teilweise keine Verbundwirkung des Mörtels mehr durch fehlendes Bindemittel; lose, verschmutzte Mörtelreste lösen sich bei Öffnung des Bogens insbesondere im Scheitelbereich.

Instandsetzungsaufwand am Bogen XIV
Folgende Instandsetzungsarbeiten wurden an der Musterfläche am Bogen XIV durchgeführt:
- Die Armierungsgitter sowie die Verankerungen der Bewehrungsnetze aus Stahl im Naturstein wurden vollständig entfernt (Ausbohren mit Kernbohrern).
- Reinigung des Natursteinmauerwerks durch ein schonendes Verfahren (Niederdruck-Trockenreinigungsverfahren; Strahlgut Aluminiumsilikat Körnung 0,04–0,09 mm).
- Kleben von Eckstücken (klein); Bruchstücke wurden mit Epoxydharz punktuell verklebt; große Bruchstücke sind zusätzlich mit Edelstahlnadeln vernadelt worden.
- Fehlstellen mit einer Tiefe größer 2 cm wurden mit einem Salz speichernden, alkalisalzarmen Grundiermörtel aufgefüllt.
- Einsetzen von Vierungen und Neuteilen aus Grünsandstein und Kalkstein im Bereich großer Fehlstellen nach statischen Erfordernissen (Abb. 18).

Komplett ausgetauschte Quaderoberflächen sind eingefügt und mit mineralischem Gießmörtel vergossen worden. Die Steinoberflächen wurden vor dem Versetzen auf die Quaderoberflächen aufgearbeitet.

Eingesetzte Vierungen sind an der Verbindungsstelle zum Quader mit Epoxydharz verklebt worden. Die rückwärtige Anbindung zum Naturstein wurde über einen mineralischen Gießmörtel hergestellt.

- Kraftschlüssige Vernadelung mit Nadeln aus Edelstahl und Verklebung mit dem Naturstein mit Epoxydharzmörtel.
- Die Oberflächenbearbeitung der Neuteile und Vierungen erfolgte nach dem Einbau und wurde in historischer Steinmetztechnik an den jeweiligen Umgebungsbestand angeglichen.
- Vorhandene Hohlräume im Mauerwerk und in den Fugen wurden versuchsweise mit Vergussmörtel (Kalk-Traß-Zement-Mörtel) verpresst (Ostseite Bogen IX). Beim Bogen IX und der Westhälfte des Bogens XIV wurden die offenen Fugen mit einer Tiefe größer 30 cm mit Verpressmörtel gefüllt.
- Das Mauerwerk konnte im klassischen Sinne verfugt werden.

Der Mörtelzuschlag wurde mit einer „Ausfallkörnung" hohlraumreich konzipiert, um der eindringenden Feuchtigkeit so wenig Widerstand wie möglich entgegen zu setzen.
Tiefenverfugung: 0/4er Donauschwemmsand.
Deckschicht: 0/2er Donauschwemmsand und grauer 0/2 Salzachflusssand.
Bindemittelverhältnis: 1:4

Wichtig war bei der Durchführung der Instandsetzungsmaßnahmen der sensible Umgang mit der historischen Bausubstanz und die Kenntnis der historischen Konstruktionstechniken und Stein-

Abb. 18: Freigelegtes Mauerwerk und Fugen und eingesetzte Vierungen am Musterbogen XIV.

Zustand vor der Instandsetzung 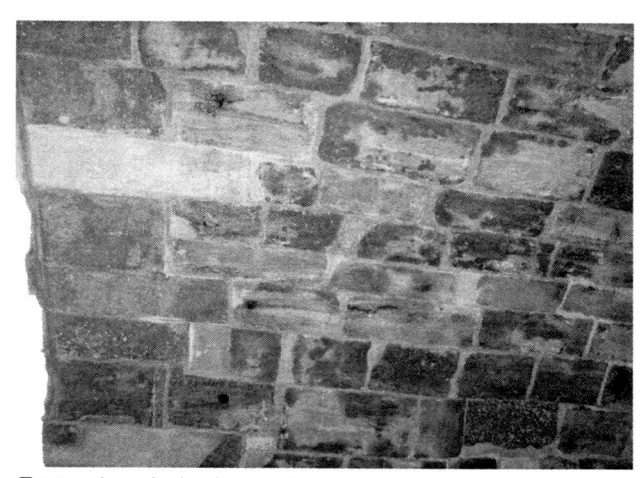 Zustand nach der Instandsetzung

Abb. 19: Musterhafte Instandsetzung am Bogen XIV; Zustand vorher/nachher.

bearbeitung, die eine hohe handwerkliche und restauratorische Qualifikation verlangt haben. Die Arbeiten an der östlichen Bogenhälfte am Bogen XIV wurden im Jahr 2002 und 2003 durchgeführt. Die Instandsetzung der westlichen Hälfte wurde im Jahr 2005 zum Abschluss gebracht.

Im Rahmen des Modellprojektes der Deutschen Bundesstiftung Umwelt wurde im Jahr 2004 ein weiterer Bogen (Bogen IX) mit den gleichen Vorgaben wie beim Bogen XIV musterhaft instand gesetzt. Als einer der mit einer Spannweite von etwa 14 m größten Bögen der Steinernen Brücke (nach Baualtersplan Substanz aus romanischer und späterer Zeit (1250-1525)) war er gegenüber dem Bogen XIV weniger tiefgründig geschädigt und wies weniger Fehlsanierungen aus früheren Jahren auf.

Die musterhafte restauratorische Instandsetzung alleine nur der Bogenuntersichten hat folgende reine Baukosten verursacht:

Bogen IX (Spannweite 14,30 m, 167 m^2):
ca. 110.000 EUR = ca. 660 EUR/m^2

Bogen XIV (Spannweite 10,20 m, 104 m^2):
ca. 230.000 EUR = ca. 2.200 EUR/m^2

Nur das Steinmaterial aus Kalkstein musste in geringem Umfang zugekauft werden. Für die Vierungen stand Grünsteinmaterial aus dem Bestand des Tiefbauamtes der Stadt Regensburg zur Verfügung.

4.3 Rissmonitoring am Bogen IX

Zur Beobachtung der am gesamten Bauwerk auffälligen Stirnringrisse zwischen Außenmauerwerk und gemauertem Brückenkern, die im Zuge der Instandsetzung des Bogenmauerwerks beim Bogen IX verschlossen wurden, mechanisch dort aber eingeprägt waren, sowie zur Überprüfung der Wirksamkeit der Investition der Musterflächensanierung am Bogen IX wurde durch die LGA Bautechnik, Nürnberg, ein Rissmonitoring-System installiert (Abb. 20). Es hatte die Aufgabe, über einen festgelegten Zeitraum alle entstehenden seitlichen Bewegungen in der Flucht der historischen Ringrisse zu registrieren, um so die Ursache für das Entstehen dieses charakteristischen Rissbildes zwischen äußerer Mauerschale und dem steinernen Kern erkennen zu können.

Über den Messzeitraum von einem Jahr (2005) wurde eine minimale Temperatur von -22,2 Grad Celsius und ein Maximalwert von 34,5 Grad Celsius gemessen. Relativ zur Nullmessung sind hauptsächlich temperaturbedingte Rissbreitenänderungen von -0,41 mm (Rissschließung) bis 1,96 mm (Rissaufweitung) aufgetreten. Die Bewegungen der Risse waren in der kalten Jahreszeit am größten. Sie haben sich anschließend weitgehend auf einen konstanten Wert eingependelt.

Die Messreihen zeigen, dass ständige Bewegungen zwischen den steifen Bogenstirnwänden und der weicheren Bogentonne insbesondere aus dem Lastfall Temperatur vorhanden sind. Diese minimalen Bewegungen im Bereich der sanierten Stirnringrisse sind unterschiedlich groß und sie zeigen einen weitgehend stetigen Verlauf. Dies lässt den Schluss zu, dass die Sanierungs- und Instandsetzungsmethode im Bereich der Stirnringrisse am Bogen IX zu einer Beruhigung der Rissentwicklung geführt hat. Größere Risse sind nicht mehr aufgetreten.

Abb. 20: Rissesensor am Stirnringriss Bogen XII.

5. Eckdaten zur Umsetzung einer Instandsetzung

Tab. 1: Eckdaten eines Instandsetzungskonzeptes.

Planerische Entscheidungen und Ziele	• Vergabe von Ingenieurleistungen nach VOF zur Erarbeitung eines Instandsetzungskonzeptes (Objekt-, Tragwerksplanung, Leistungen Sonderfachleute) unter Verwendung der Ergebnisse der bisherigen Untersuchungen • Kostenberechnung und Klärung des Finanzbedarfs und der Finanzierbarkeit • Grundlegende Klärung der Verlagerung des Busverkehrs auf alternative Donauübergänge vor der Instandsetzung
Bauliches Ziel	• 1. Schritt: Abdichtung der Brückenoberfläche mit Einbau einer funktionierenden Brückenentwässerung zur Vermeidung der ständigen Durchfeuchtung • 2. Schritt: Instandsetzung des Natursteinmauerwerk aller Bögen
Zeitliche Realisierung	• Nach Erarbeitung der Objekt- und Tragwerksplanung • Nach Klärung der Finanzierbarkeit (über Denkmalschutzfond, ggf. europäische und globale Kultur- und Denkmalschutzprogramme, evtl. Finanzierungsmodell Stiftung über Spenden und Sponsoren)

Baulicher Ablauf	• Kompletter Ausbau der Brückenfahrbahn einschließlich der schadhaften Brüstungen bis zum steinernen Brückenkern;
	• Abbruch und Beseitigung aller nicht bauwerksgerechten und bauwerksverträglichen Materialien (Beton und Zementmörtel) und Einbauten (Telekom- und Stromleitungen; Revisionsschächte)
	• Untersuchungen und Instandsetzungsmaßnahmen (z. B. Verpressen) des steinernen Kerns von oben
	• Herstellung einer Abdichtung der Brücke einschl. Entwässerungsleitungen und Schächte
	• Neugestaltung der Fahrbahnoberfläche (z. B. Natursteinplatten) und der Brüstungen aus Naturstein
	• Instandsetzung ggf. in zwei Bauabschnitten:
	  1.BA: Abschnitt Stadtamhof bis Abfahrt Unterer Wöhrd
	  2.BA: Abschnitt Unterer Wöhrd bis Brückturm
	• Weitere Instandsetzung des Mauerwerks erst nach Wirksamkeit der Abdichtung, der Entsalzung und Austrocknung des Mauerwerks sinnvoll

Verkehrlicher Ablauf	• Komplette Sperrung der Brücke für jeglichen Verkehr • Umleitung des ÖPNV über die neue Nibelungenbrücke oder über ein Brückenprovisorium oder vorher Bau einer alternativen ÖPNV-Brücke nach Stadtamhof • Bau eines provisorischen Steges für Fußgänger und Radfahrer unmittelbar westlich der Steinernen Brücke zwischen Stadtamhof und Brückturm
Zeitdauer	• Abhängig von der Finanzierbarkeit • Abhängig vom tatsächlichen Zustand der Bausubstanz nach dem Abräumen der Brückenoberfläche • Bestimmt von den denkmalpflegerischen Vorgaben und zusätzlichen Untersuchungen
Kostenschätzung	• Überschlägig prognostiziert zwischen 10 und 15 Mio. EUR mit Tendenz nach oben

6. Zusammenfassung und Ausblick

Ziel der seit 1992 durchgeführten Untersuchungen an dem Kultur- und Baudenkmal Steinerne Brücke war es, umfangreiche Kenntnisse und Informationen über den Bestand und den Zustand der Steinernen Brücke zu bekommen, die bisher noch nicht vorhanden waren, jedoch für die Erarbeitung eines Instandsetzungskonzeptes unabdingbar notwendig sind. Mit finanzieller Unterstützung der Deutschen Bundesstiftung Umwelt, Osnabrück, wurden von einer Arbeitsgruppe unter Federführung des städtischen Tiefbauamtes der Stadt Regensburg und mit ständiger Beteiligung und Beratung des Bayerischen Landesamtes für Denkmalpflege exemplarisch denkmalpflegerische, naturwissenschaftliche, steintechnische und statisch-konstruktive Untersuchungen für eine sorgfältigen Analyse des Ist-Zustandes durchgeführt. Dabei haben Spezialfachbüros auf dem Gebiet der Natursteintechnik, für Natursteinuntersuchungen und für zerstörungsarme Prüfmethoden des Natursteins sowie der Tragwerksplanung mitgewirkt. Anschließend wurde die Umsetzbarkeit der gewonnenen Ergebnisse und Erfahrungen an zwei Musterbögen exemplarisch untersucht, um den denkmalpflegerisch anspruchsvollen Maßstäben einer behutsamen und denkmalverträglichen Instandsetzung bereits vor einer vertiefenden Instandsetzungsplanung und Ausschreibung genügen zu können.

Die Steinerne Brücke zählt zu den bedeutendsten technischen und historischen Baudenkmälern mittelalterlicher Baukultur von nationalem und europäischem Rang. Als eine der ersten Steinbrücken des Heiligen Römischen Reiches Deutscher Nation ist sie mit ihren 860 Jahren seit der Fertigstellung ein Symbol für Beständigkeit geworden, die den Naturgewalten, den politischen Wirrungen und den Zerstörungen durch den Menschen in der Vergangenheit erfolgreich getrotzt hat. Dies alleine ist Grund genug, das Kulturdenkmal Steinerne Brücke mit seiner lebendigen europäischen Bau- und Kulturgeschichte für die Nachwelt zu erhalten.

Ihre Instandsetzung und Erhaltung ist eine wichtige Aufgabe der Regensburger Stadtgesellschaft in den nächsten 10 Jahren. Für die Regensburger Bürgerinnen und Bürger hat die Steinerne Brücke einen hohen Identifikationswert. Deshalb werden sie bereit sein, so wie es die Regensburger Kaufleute beim Neubau der Brücke im Mittelalter getan haben, auch für den Fortbestand ihrer „Stoanernen Bruck" ihren finanziellen Beitrag zu leisten. Die Finanzierung der Erhaltung der Steinernen Brücke als ein Kulturdenkmal von europäischem Rang kann jedoch nicht allein von der Stadt Regensburg geleistet werden. Dies wird auch eine finanzielle Unterstützung im nationalen und europäischen Rahmen erfordern. Denkbar könnte auch eine Finanzierung der kostenintensiven Instandsetzung ähnlich dem Modell „Stiftung Frauenkirche Dresden" auf der Grundlage von Spenden sein.

Literatur

Der Beitrag fasst die durchgeführten Untersuchungen und Maßnahmen an der Steinernen Brücke zusammen. Verwiesen sei auf folgende veröffentlichte und unveröffentlichte Literaturquellen:

Dr. Paulus, Helmut-Eberhard: Die Steinerne Brücke in Regensburg. Jahrbuch der bayerischen Denkmalpflege, Band 40. Bayerischen Landesamt für Denkmalpflege. München, 1989. S.143–168.

Ingenieurbüro Grassl, GmbH München: Bauwerksprüfbefund Steinerne Brücke. Hauptprüfung nach DIN 1076.

Gutachten LGA Bautechnik Nürnberg, Projektgruppe Historische Bauwerke: Die Steinerne Brücke in Regensburg – Behutsame Instandsetzung; Untersuchungen des Inneren der Brückenpfeiler mittels Kernbohrungen, 1997.

Gutachten Nautik GmbH: Bericht zur hydrographischen Vermessung der Steinernen Brücke 1997.

Ritter Natursteinberatung, Feldafing: Ergebnisberichte zu den steintechnischen Untersuchungen. 1997–2000.

Labor Dr. Ettl – Dr. Schuh: Ergebnisse naturwissenschaftliche Voruntersuchung: Lithologische Kartierung, Schadenskartierung, Entsalzungsmethoden. 1997–2001.

Gabriele Patitz, Bernhard Illich, Fritz Wenzel: Untersuchungsbericht zerstörungsarme Untersuchungen Steinerne Brücke. 1999.

Gabriele Patitz, Bernhard Illich, Fritz Wenzel: Zerstörungsfreie Voruntersuchungen an der Steinernen Brücke. In: Erhalten historisch bedeutsamer Bauwerke, SFB 315, Karlsruhe, Jahrbuch 1997/1998.

LGA Bautechnik Nürnberg; Gregor Stolarski: Ergebnisbericht orientierende Erschütterungsmessungen.

Büro für Baukonstruktionen, Karlsruhe: Bericht zur Statik und zum Tragverhalten der Steinernen Brücke.

Ingenieurbüro Grassl GmbH, München: Ergebnisberichte zu den statisch-konstruktiven Untersuchungen und Vorplanungen.

Bauer-Bornemann GmbH, Bamberg: Dokumentation Teilsanierung Bogen XIV, 2002/2003.

Endemann, Fa. Steinwerkstatt GmbH, Regensburg: Dokumentation Restaurierungsmaßnahmen Bogen IX und Bogen XIV, 2004/2005.

LGA Bautechnik Nürnberg: Ergebnisbericht zum Rissmonitoring Bogen IX.

Abbildungen

Abb. 2, 5, 6, 7, 8, 12, 13, 15, 20: Verfasser
Abb. 1: Merian Matthäus (1593–1650) – Landschaftsmaler, Radierer, und Kupferstecher, Topographia Bavariae, Frankfurt a. M. 1644.
Abb. 3: Tiefbauamt Stadt Regensburg
Abb. 4: Tiefbauamt Stadt Regensburg
Abb. 9: Architekturbüro Ebeling; Ihrlerstein/Bayer. Landesamt für Denkmalpflege, München
Abb. 10: LGA Bautechnik, Projektgruppe Hist. Bauwerke, Nürnberg
Abb. 11: Tiefbauamt Stadt Regensburg
Abb. 14: Büro für Baukonstruktionen, Karlsruhe
Abb. 16: Ingenieurbüro Grassl, München
Abb. 17: Fotodokumentation Fa. Bauer-Bornemann; Bamberg und Fa. Steinwerkstatt, Regensburg
Abb. 18: Fotodokumentation Fa. Steinwerkstatt, Regensburg
Abb. 19: Fotodokumentation Fa. Steinwerkstatt, Regensburg

Autorenverzeichnis

Sonja **Behrens**
MSc Stonework Conservation
Weinheimer Str. 6, 69488 Birkenau
Telefon: (06201) 255730

Gerhard **Eisele**
Ingenieurgruppe Bauen
Karlsruhe – Mannheim – Berlin
Hübschstraße 21, 76135 Karlsruhe
Telefon: (0721) 8299-81

Dr. Gabriele **Grassegger**
Referates 412 „Bautenschutz und Denkmalschutz"
Materialprüfungsanstalt Universität Stuttgart
(MPA – Otto-Graf-Institut)
Pfaffenwaldring 2b, 70569 Stuttgart
Telefon: (0711) 685-2705

Dr.-Ing. Ulrich **Huster**
Haberland + Archinal + Zimmermann HAZ
Beratende Ingenieure für das Bauwesen GbR
Kölnische Str. 59, 34117 Kassel
Telefon: (0561) 70713 0

Dr. Helmut **Kollmann**
Forschung und Entwicklung
epasit GmbH Spezialbaustoffe
Sandweg 12–14, 72119 Ammerbuch
Telefon: (07032) 201522

Andreas **Menrad**
Diplom-Restaurator
RP Stuttgart, Landesamt für Denkmalpflege
Leiter Fachbereich Restaurierung
Berliner Str. 12, 73728 Esslingen
Telefon: (0711) 90445-423

Prof. Dr.-Ing. habil. Josko **Ozbolt**
Institut für Werkstoffe im Bauwesen der
Universität Stuttgart
Abteilung Befestigungstechnik
Pfaffenwaldring 4, 70569 Stuttgart
Telefon: (0711) 685-3330

Prof. Dr.-Ing. Hans-Wolf **Reinhardt**
Instituts für Werkstoffe im Bauwesen der
Universität Stuttgart
Materialprüfungsanstalt Universität Stuttgart
(MPA – Otto-Graf-Institut)
Pfaffenwaldring 4, 70569 Stuttgart
Telefon: (0711) 685-3323

Ingrid **Rommel**
Münsterbaumeisterin
Münsterbauamt Ulm
Münsterplatz 1a, 89073 Ulm
Telefon: (0731) 96750-10

Hermann **Schäfer**
Fachberater für Natursteinrestaurierung
Bruchköblerstr. 29, 63526 Erlensee
Telefon: (06183) 902551

Thomas **Schubert**
Diplom-Restaurator
Kreuzstraße 15, 13187 Berlin
Telefon: (030) 4483678

Alfons **Swaczyna**
Baudirektor
Tiefbauamt Stadt Regensburg
D.-Martin-Luther-Str.1, 93053 Regensburg
Telefon: (0941) 507-1651

Patrik **Van der Veken**
Diplomand an der MPA (Ref. 412) und
am Institut für Werkstoffe am Bauwesen
der Universität Stuttgart
Bauingenieurfakultät
Pfaffenwaldring 4, 70569 Stuttgart.

Otto **Wölbert**
RP Stuttgart, Landesamt für Denkmalpflege
Fachgebiet Restaurierung
Berliner Str. 12, 73728 Esslingen
Telefon: (0711) 90445-428